理工类地方本科院校新形态系列教材

U0162538

模具CAD/CAM

主　编　李　雅
副主编　焦洪宇
参　编　李　英
主　审　何力佳

南京大学出版社

内容摘要

本书采用项目化教学手段,以企业生产实际中的典型案例为载体,介绍了 Unigraphics NX 10.0 版本的基本功能、使用方法及技巧。内容安排上兼顾知识系统性和项目操作完整性,同时配套了大量的微课视频教程,以满足读者的学习需求。

全书共分九个项目,分别介绍了 UG NX 10.0 基础知识与操作、绘制草图、实体特征建模、曲面建模、钣金建模、装配设计、工程图、注塑模具 CAD 和数控加工。

本书可作为机械类相关专业教材,也可作为 CAD/CAM 领域技术人员的参考用书。

图书在版编目(CIP)数据

模具 CAD/CAM / 李雅主编. —南京:南京大学出版社,2021.1(2022.1 重印)
ISBN 978 - 7 - 305 - 24295 - 3

Ⅰ.①模… Ⅱ.①李… Ⅲ.①模具—计算机辅助设计②模具—计算机辅助制造 Ⅳ.①TG76—39

中国版本图书馆 CIP 数据核字(2021)第 051020 号

出版发行 南京大学出版社
社　　址 南京市汉口路 22 号　　　邮　　编 210093
出 版 人 金鑫荣

书　　名 模具 CAD/CAM
主　　编 李 雅
责任编辑 吕家慧　　　　　编辑热线 025 - 83597482
照　　排 南京开卷文化传媒有限公司
印　　刷 广东虎彩云印刷有限公司
开　　本 787 mm×1092 mm　1/16 开　印张 14.25　字数 346 千
版　　次 2021 年 1 月第 1 版　2022 年 1 月第 2 次印刷
ISBN 978 - 7 - 305 - 24295 - 3
定　　价 39.80 元

网　　址:http://www.njupco.com
官方微博:http://weibo.com/njupco
微信服务号:NJUyuexue
销售咨询热线:(025)83594756

☞ 扫码可获取
本书相关资源

前　言

　　UG NX 软件是 SIEMENS 公司推出的集 CAD/CAM/CAE 于一体的三维数字化软件，它提供了完整的产品工程解决方案，包括概念设计、工业设计、工程分析、产品验证和加工制造等，广泛应用于航空航天、汽车、模具、医疗仪器、日用消费品、通用机械及电子工业等领域，能使工程设计人员在第一时间设计并制造出完美的产品，从而缩短开发时间、降低成本。

　　本书以 UG NX 10.0 软件为平台，以典型实例为载体，介绍了各模块的基本功能和使用方法。本书选取的实例，注重与模具设计实际工作岗位的工作内容和能力要求相结合，从而提高读者对软件的操作能力和对模具知识的综合运用能力。

　　本书共分九个项目。项目 1 介绍了 UG NX 10.0 基础知识与操作，项目 2 至项目 7 介绍了绘制草图、实体特征建模、曲面建模、钣金建模、装配设计、工程图，项目 8 介绍了注塑模具 CAD，项目 9 介绍了数控加工。本书中涉及的素材文件包含在项目素材二维码中，下载解压后即可使用。

　　本书由李雅任主编，焦洪宇任副主编。其中李英编写项目 1，焦洪宇编写项目 2、项目 3、项目 4、项目 6，李雅编写项目 5、项目 7、项目 8、项目 9，何力佳教授主审。

　　在本书的编写过程中，编者得到企业专家的大力支持和帮助，在此对白稀文、高天羃、苏昱峰等企业专家表示衷心感谢！

　　由于本人水平所限，书中难免出现疏漏和不足之处，诚请广大读者提出宝贵意见。

编　者

2020 年 9 月

目　录

项目 1

UG NX 10.0 基础知识与操作

项目素材

 知识目标

(1) 了解 UG NX 10.0 的功能与特点,并熟悉其操作界面。

(2) 熟悉 UG NX 10.0 中鼠标的操作。

(3) 掌握新建、打开、保存、关闭、导入、导出 UG NX 10.0 文件的方法。

(4) 掌握工具条的定制。

 技能目标

(1) 能应用 UG NX 10.0 软件常用功能。

(2) 能调用工具条和设置常用参数。

 项目描述

本项目将介绍 UG NX 10.0 的启动、操作界面、文件管理、鼠标使用以及基本工作环境的设置等内容。通过本项目的学习可以掌握对象操作的方法、文件管理的操作和基本环境设置的方法。

 相关知识

UG NX 软件作为 UGS 公司的旗舰产品,是当今最流行的 CAD/CAE/CAM 一体化软件,在航空、汽车、通用机械、工业设备、医疗器械以及其他高科技应用领域的机械设计和模具加工自动化的市场上得到了广泛的应用。UG 软件由多个应用模块组成。使用这些模块,可以实现工程设计、绘图、装配、辅助制造和分析一体化等工作。

1.1 UG NX 10.0 的启动与退出

微课 1.1

1.1.1 UG NX 10.0 的启动

启动 UG NX 10.0 有两种方式。

(1) 正常启动

单击桌面上的 NX 10.0 快捷启动图标 ,或者单击【开始】|【所有程序】|【Siemens NX 10.0】|【NX 10.0】菜单命令来启动 UG NX 10.0。系统加载 UG NX 10.0 启动程序,屏幕上出现启动界面,如图 1-1 所示。该启动界面显示片刻后消失,接着系统弹出图 1-2 所示的 NX 10.0 初始操作界面。

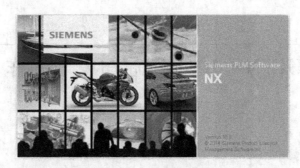

图 1-1 UG NX 10.0 启动界面

图 1-2 UG NX 10.0 的初始操作界面

（2）通过已有文件启动

双击一个 UG 文件（*.prt），也可启动 UG NX 10.0 系统。

1.1.2 UG NX 10.0 的退出

当完成建模工作后，就可以退出 UG NX 10.0 系统了，具体的操作方法有两种：

（1）单击菜单【文件】|【退出】命令。

（2）直接关闭工作桌面，即单击系统主界面右上角的【关闭】按钮 ⊠ 。

不管采用哪种退出方式，在修改或进行新的操作后退出 UG NX 10.0 系统时，若没有将所做的工作保存，系统将弹出【退出】对话框提示是否真的要退出系统，单击【是-保存并关闭】按钮。

系统又弹出【保存】对话框，单击【是（Y）】按钮，退出系统，新建文件被保存。保存文件后若选择退出系统，则不会出现对话框。

1.2 UG NX 10.0 操作界面

新建一个文件或者打开一个文件后，进入建模状态后的 UG NX 10.0 的工

微课 1.2

作桌面窗口如图 1－3 所示,各部分的功能如下。

图 1－3   UG NX 10.0 工作界面

（1）快速访问工具条:快速访问工具条用于放置一些使用频率较高的工具。用户可根据需要自定义快速访问工具条中包含的工具按钮,单击该工具条右侧的 ▼ 按钮,在展开的下拉列表中选择添加或删除的工具按钮。

（2）标题栏:主要用于显示软件版本、当前模块、文件名和当前部件修改状态等信息。如图 1－3 所示的标题栏表示所使用的是UG NX 10.0版本软件,文件名为"model1",文件属于建模模块。

（3）功能区:它用选项卡的方式分类存放各种工具按钮。单击功能区中的选项卡标签,可切换功能区中显示的工具条,工具条是放置命令组的区域,这些命令组是为了便于操作放置于桌面上的,每个命令组又由多个命令项组成。命令组在工具条中可以打开或关闭,命令组中的命令项也可以打开或关闭。打开的命令组和命令项都可以根据个人爱好放置于需要的位置。

将鼠标放置于工具条空白处,单击右键弹出工具条调整定制的快捷选项,如图 1－4 所示。其中列举了命令组类的名称,勾选对号的表示该类命令组均打开;无对号标记的为该类命令组均处于关闭状态,此时用鼠标左键点击可以按类打开或关闭命令组。

将鼠标放置于某一命令组的空白处,比如【主页】的【特征】命令组,单击右键弹出"命令组"调整定制快捷选项,如图 1－5 所示。单击【从分析选项卡中移除】可以关闭该命令组,也可以将该命令组放置于视窗

图 1－4   "工具条"
快捷选项

上方、下方、左侧或右侧的位置。

将鼠标放置于某一单项命令上,比如【特征】命令组中的【基准平面】,弹出"命令项"调整定制快捷选项,如图1-6所示。点击【从显示组中移除】可以关闭该命令,也可以将该命令单独放置于视窗的上方、下方、左侧或右侧位置。

图1-5 "命令组"快捷选项   图1-6 "命令项"快捷选项

鼠标放在工具条的任意位置时,右键的快捷选项中都含有"定制"选项,点击弹出【定制】对话框,如图1-7所示。

图1-7 "定制"操作

在【命令】选项卡中可以单击选中某一项命令并按住鼠标左键将其拖动添加到任何一个命令组中。单击【命令】选项卡,如图1-7中①所示,该选项卡主要用来显示或隐藏指定工具条中所包含的命令;因为每个工具条可能包括多个工具按钮,对于那些在建模过程中不常用的命令没有必要将它显示在桌面上。选中一个工具条名称,如图1-7中②所示,就可以看到这个工具条中所包含的命令都列在右面的列表框内,选中一个命令,如图1-7中③所示,将命令拖动到工具条中,如图1-7中④所示,这时工具条中将显示此项命令,如图1-7中⑤所示。若将某命令从工具条中拖回【定制】对话框中,此命令即从工具条中消失。

（4）上边框条：由【菜单】按钮、【选择】组、【视图】组和【实用工具】组组成。

①【菜单】按钮

单击【菜单】按钮 🔄菜单(M)▾ 后可从弹出的下列菜单中选择所需的菜单命令。菜单栏存放着当前模块下几乎所有的 UG NX 10.0 命令，包括绘图命令、操作命令、设置命令、编辑命令等。不同的模块环境菜单栏内的命令项是不同的，建模模块有相关的绘图设计、编辑等命令，制图模块有相应的图纸、视图创建等命令，加工制造模块有刀具、机床、工艺设计等命令。

UG NX 10.0 采用灵活多样的绘图方式，比如同一个绘图命令、编辑命令，可以从菜单栏中选择，也可以从工具条中选择，其操作各有利弊。工具条的命令放置于桌面上，绘图使用时拾取方便、快捷，但桌面上有过多的命令会显得凌乱、不整洁，同时也占用绘图区的空间。假如过多依赖工具条，换一台计算机绘图会比较被动，因为其桌面不一定放置原来习惯使用的命令组，即使有放置的位置也不一样，这些命令需要重新调整定制，这反而会降低绘图效率。使用菜单栏命令，由于有些命令在若干子菜单下，所以在绘图过程中有时需要点击多次才能调用到命令，会降低一点效率，但是，菜单栏的命令位置是固定不变的，熟悉之后选取也比较方便，不受人为设置的影响；同时，工具条可以尽可能地关闭，节省绘图区域的空间，视野开阔，桌面也干净整洁。

②【选择】组中的工具按钮

利用【选择】组中的工具按钮（如图 1-8 所示），可进行选择对象的相关操作。例如选择对象类型、选择范围、选择图层、捕捉点设置等。

图 1-8　【选择】组中的工具按钮

③【视图】组中的工具按钮

利用【视图】组中的工具按钮（如图 1-9 所示），可进行相关的视图操作。例如视图的缩放、平移、旋转、适合窗口、定向、渲染方式等。

图 1-9　【视图】组中的工具按钮

④【实用工具】组中的工具按钮

【实用工具】组中存入了一些实用的小工具。单击上边框条右侧的 ▾ 按钮，在弹出的下拉列表中可选择向上边框条中添加或删除工具组以及向各工具组中添加或删除工具按钮。

（5）导航器和资源条：分为装配导航器、部件导航器、历史记录窗口等。装配导航器显示顶层"显示部件"的装配结构。部件导航器是建模中最常用的导航器，主要用来显示用户建模过程中的历史记录，可以使用户清晰地了解建模的顺序和特征之间的关系，并且可以在特征树上直接进行各种特征的编辑，大大方便了用户查找、修改和编辑参数。

单击资源条的【角色】按钮 🔖，弹出【角色】资源栏，如图 1-10 所示。西门子公司针对不同的客户群体制定不同的软件使用体验，分为基本功能角色和高级功能角色。前者工作界面工具条中的命令组少，菜单栏的命令也仅有基本的设计与编辑命令；后者则具有完整的菜单，涵盖所有命令，功能强大，针对的目标客户群是使用该软件的经验丰富的设计工程师与专家。初期使用 UG NX 10.0 软件时，假如发现工作界面简化，菜单栏命令缺失不全，则是系统默认了基本功能角色，需要时可打开资源条的【角色】栏，选择"角色高级"，调整为具备完整菜单功能的高级角色。

单击【部件导航器】图标 ，如图 1-11 中①所示。弹出【部件导航器】，可以清楚地看到建模过程。如果要对某一步进行修改，可先选中该步骤，如图 1-11 中②所示，然后单击鼠标右键，系统将弹出快捷菜单，如图 1-11 中③所示，可以对此进行多种操作。

图 1-10　【角色】资源栏　　　　　图 1-11　【部件导航器】快捷菜单

(6) 绘图区：进行模型构造的区域，模型的创建、装配及修改工作都在该区域内完成。

(7) 提示行/状态行：位于主窗口的最下方，用于提示当前执行操作的结果、鼠标的位置、图形的类型或名称等特性，可以帮助用户了解当前的工作状态，用来提示用户如何操作。执行每一步命令时，系统都会在提示行中显示如何进行下一步操作。对于初学者，提示行有着重要的提示作用。

1.3　设置界面主题

微课 1.3

【经典工具条】用户界面是 UG NX 9.0 以前版本主要采用的界面，在 UG NX 10.0 中为了兼顾老用户的习惯也保留了这种界面模式。

由【功能区】界面向【经典工具条】界面转换，则可以按照以下方法进行操作：

(1) 执行【菜单】|【首选项】|【用户界面】命令，弹出【用户界面首选项】对话框。

(2) 在【用户界面首选项】对话框中选择【布局】选项组，选中右侧【用户界面】用户环境区域中的【经典工具条】单选按钮，最后选中【提示行/状态行】位置区域中的【顶部】单选按钮。

(3) 选择【主题】选项组，然后在【NX 主题】类型下拉列表框中选择【经典】选项。

（4）单击【确定】按钮，完成界面设置，如图 1 - 12 所示。

图 1 - 12　【用户界面首选项】改变布局及主题

图 1 - 13　【经典工具条】用户界面中的建模环境

1.4　文件管理

文件管理包括新建部件文件、打开和保存部件文件等。

1.4.1　新建部件文件

当以正常启动方式进入 UG NX 10.0 后，系统仅显示标准工具条，如图
1 - 2 所示，这时的界面并非工作界面。直接单击【新建】按钮或者单击菜单
【文件】|【新建】命令或者使用快捷键，系统将弹出【新建】对话框。在【名称】文本框中输
入文件名，在【文件夹】文本框中指定文件的存放位置，在【单位】下拉列表中选择单位是
"毫米"还是"英寸"，然后单击【确定】按钮，如图 1 - 14 所示。系统就进入了【基本环境】
模块。

微课 1.4.1

若想进入其他模块,可以单击【应用模块】选项卡,在对应的工具条中选择相应的功能按钮。例如,单击【钣金】按钮,系统进入钣金工作界面,这时就可以创建钣金模型了。

1.4.2 打开部件文件

微课 1.4.2

打开一个已经存在的部件文件,单击【文件】选项卡中的【打开】命令,或者单击【菜单】按钮,在下拉列表中选择【文件】|【打开】,弹出【打开】对话框,如图 1-15 所示,在【查找范围】下拉列表框中选择正确的文件存放路径,在【文件名】文本框内输入所要打开的文件名称,然后单击【OK】按钮或者在列表中直接双击该文件,或者单击文件再单击鼠标右键,在弹出的快捷菜单中选择【打开】,可以看到对话框右侧的预览窗口。如将预览窗口下【预览】文本框内的【√】去除,则将不显示预览图像。

图 1-14 【新建】对话框

图 1-15 【打开】对话框

关键

(1)【打开】对话框内没有用于选择单位的下拉列表,因为部件的单位是在部件建立时决定的,以后不可以改变。

(2) 载入的部件文件仅仅是硬盘内所存在的文件的复制,在再次保存到硬盘之前,用户所做的工作都不是永久的。

(3) UG NX 可以同时打开多个文件,但工作界面视窗只能显示一个文件,不同的文件不支持多窗口显示。不同文件的切换显示需要点击界面最上方【快捷访问工具条】中的工具条的【窗口】命令,在其下拉列表中进行切换。

1.4.3 保存部件文件

微课 1.4.3

保存部件文件,系统提供了多种方式。UG NX 10.0 中常用的保存方式有【直接保存】【仅保存工作部件】【另存为】和【全部保存】。以【另存为】为例,单击菜单【文件】|【另存为】命令或者使用 Ctrl+Shift+S 组合键将当前部件文件保存到另外指定的路径文件下,此时系统弹出"另存为"对话框,用户可以输入新的文件名称后

单击【OK】按钮加以保存；单击菜单【文件】|【全部保存】命令可将当前所载入的所有部件文件保存到各自的路径下。

1.4.4　导入文件

导入文件是指把系统外的文件导入 UG 系统。UG NX 10.0 提供了多种格式的导入形式。包括 DXF/DWG、CGM、VRML、IGES、STEP203、STEP214、CATIA V4、CATIA V5、Pro/E 等，限于篇幅，此处以导入 DWG 格式为例介绍导入文件的操作方法，具体操作步骤如图 1-16 所示。

微课 1.4.4

图 1-16　导入文件的操作方法

1.4.5　导出文件

UG 导出文件与导入文件类似，利用导出功能可将现有模型导出为支持其他类型的文件。在 UG NX 10.0 中，提供了二十余种导出文件格式，其具体操作步骤可参考导入文件的操作，这里不再详述。

微课 1.4.5

1.5　UG NX 10.0 的基本操作

利用 UG NX 10.0 进行特征建模操作时，只有熟练掌握基本建模操作方法，才能在最短时间内创建出满足要求的特征模型。本章将简要介绍 UG NX 10.0 的基本操作方法和常用工具，包括首选项设置、视图布局、点构造器、矢量、选择功能、坐标系等。熟练掌握其使用方法，对今后运用特征建模将有很大的帮助。

1.5.1　键盘和鼠标

键盘主要用于输入参数，鼠标则用来选择命令和对象，有时对于同一功能可分别用键盘或鼠标完成，有时则需要两者结合使用。

微课 1.5.1

常用的键盘操作有:Enter 键用于确定操作,相当于单击鼠标中键,也相当于一个命令对话框的【确定】按钮;Tab 键用于切换不同文本框的参数选择或输入;Esc 键用于取消操作;Shift 键用于取消某一个或几个对象的选择,按住 Shift 键再用鼠标单击已经选择的某一个或几个对象可以取消其选择;Delete 键用于删除图形对象;Ctrl 键用于快捷键组合,比如 Ctrl+O 组合键是打开现有的文件,快捷键组合需要在软件的使用过程中逐步积累掌握,快捷键组合是可以自定义设置的。UG NX 10.0 系统还具有各种功能键,如 F4 键为打开信息窗口、F5 键为刷新、F6 键为缩放、F7 键为旋转等。

鼠标在 UG NX 10.0 软件中的使用频率非常高,应用功能比较多,可以实现平移、旋转、缩放以及快捷菜单等操作。最好使用应用最广的三键滚轮鼠标,鼠标按键中的左、中、右键分别对应 UG 中的 MB1、MB2 和 MB3,其功能如表 1-1 所示。

表 1-1　三键滚轮鼠标的功能

鼠标按键	功能	操作说明
左键(MB1)	选择菜单、选取物体、选择相应的功能、拖动鼠标	单击鼠标左键 MB1
中键(MB2)	在对话框内相当于【OK】按钮或【确定】按钮	单击鼠标中键 MB2
	放大或缩小	按下 Ctrl+MB2 组合键或者按下 MB1+MB2 组合键并移动鼠标,可以将模型放大或缩小
	平移	按下 Shift+MB2 组合键或者按下 MB2+MB3 组合键并移动鼠标,可以将模型随鼠标平移
	旋转	按下鼠标中键保持不放并移动光标,可旋转模型
右键(MB3)	弹出快捷菜单	单击鼠标右键 MB3
	弹出推断菜单	选中一个特征后单击鼠标右键 MB3 并保持
	弹出悬浮菜单	在绘图区空白处单击鼠标右键 MB3 并保持

1.5.2　首选项设置

在日常的特征建模过程中,不同的用户会有不同的建模习惯。在 UG NX 10.0 中,用户可以通过修改设置首选项参数来达到熟悉工作环境的目的。包括利用【首选项】来定义新对象、名称、布局和视图的显示参数,设置生成对象的图层、颜色、字体和宽度,控制对象、视图和边界的显示,更改选择球的大小,指定选择框方式,设置成链公差和方式,以及设计和激活栅格等。

微课 1.5.2

例如:如果用户对系统所定义的背景颜色不满意,可执行【菜单】|【首选项】|【背景】命令,弹出【编辑背景】对话框,如图 1-17 所示。首先在【着色视图】面板中单击【纯色】,然后在【普通颜色】处单击,弹出【颜色】对话框,如图 1-18 所示。单击【基本颜色】右下角的白色框,再在两个对话框里均单击【确定】按钮,即完成白色视窗背景的设置。

图 1-17　【编辑背景】对话框

图 1-18　【颜色】对话框

1.5.3　视图操作

微课 1.5.3

在设计过程中,需要不断地改变视角来观察模型,调整模型以线框视图或着色视图来显示模型,有时也需要多幅视图结合起来分析,因此观察模型不仅与视图有关,还和模型的位置、大小有关。观察模型常用的方法有平移、放大、缩小、旋转、适合窗口等。多幅视图的显示是通过【布局】选项来实现的。

(1) 模型观察方式

UG NX 10.0 提供的视图工具可以方便地观察模型。【视图】组中的常用命令功能如表 1-2 所示。

表 1-2　【视图】组中常用命令功能

图标	名　称	功　　能
	适合窗口	调整工作视图的中心和比例以显示绘图区的所有对象
	缩放	按下鼠标左键 MB1,并画一个矩形后松开 MB1,放大视图中的选择区域
	放大/缩小	按下鼠标左键 MB1 上下拖动鼠标放大/缩小视图
	旋转	按下鼠标左键 MB1 拖动鼠标旋转视图
	平移	按下鼠标左键 MB1 拖动鼠标平移视图
	透视	将工作视图由平行投影改为透视投影

(2) 模型显示方式

单击【视图】组中【渲染样式下拉菜单】按钮,系统会弹出【渲染样式】下拉菜单。

【渲染样式】下拉菜单中各命令的功能如表 1-3 所示。

表 1-3　【渲染样式】下拉菜单中各命令的功能

图标	名　称	功　　能
	带边着色	用光顺着色和打光渲染工作视图中的模型,并显示模型边线
	着色	用光顺着色和打光渲染工作视图中的模型,不显示模型边线

图标	名 称	功 能
	带有淡化边的线框	旋转视图时,用边缘几何体渲染光标指向的视图中的面,使隐藏边变暗并动态更新面
	带有隐藏边的线框	旋转视图时,用边缘几何体、不可见隐藏边渲染光标指向的视图中的面,并动态更新面
	静态线框	用边缘几何体渲染光标指向的视图中的面
	艺术外观	根据指派的基本材料、纹理和光源,实际渲染光标指向的视图中的面
	面分析	用曲面分析数据渲染选中的面分析面
	局部着色	用顺光着色和打光渲染光标指向的视图中的局部着色面

(3) 模型观察方向

单击【视图】组中【定向视图下拉菜单】按钮,系统会弹出【定向视图】下拉菜单。通过选择不同的视图方向可以从不同的角度观察视图。

(4) 对象的显示和隐藏

当绘图区中显示的对象太多时,那些目前不用的对象可以暂时隐藏起来,当需要时再显示出来,这样既提高了计算机的显示速度,又使工作区中显示的对象不过于杂乱。

单击【视图】组中【显示/隐藏下拉菜单】按钮,系统会弹出如图 1-19 所示的【显示/隐藏】下拉菜单。单击【显示和隐藏】选项,弹出【显示和隐藏】对话框,如图 1-20 所示。这是分类显示和隐藏,可以按实体、片体(曲面)、曲线、基准等类型显示或隐藏对象,单击其后面的加号"+",该类对象全部显示出来;单击减号"-",该类对象全部隐藏起来。也可以通过快捷键方式来实现。隐藏对象可以使用 Ctrl+B 组合键,显示对象则使用 Ctrl+Shift+K 组合键,选取对象可以在对象处单击,选取整个对象可以用框选或者按 Ctrl+A 组合键。若要取消所选的特征,按住 Shift 键不放,再次选择特征即可。

图 1-19 【显示/隐藏】下拉菜单

图 1-20 【显示和隐藏】对话框

(5) 图层操作

图层是指放置模型对象的不同层次。在多数图形软件中,为了方便对模型对象的管理设置了不同的层,每个层可以放置不同的属性。各个层不存在实质上的差异,原则上任何对象都可以根据不同需要放置到任何一个图层中。其主要作用就是在进行复杂特征建模时可以方便地进行模型对象的管理。

UG 系统中最多可以设置 256 个图层,每个层上可以放置任意数量的模型对象。在每个组件的所有图层中,只能设置一个图层为工作图层,所有的工作只能在工作图层上进行。其他图层可以对其可见性、可选择性等进行设置来辅助建模工作。

图 1-21　【图层】下拉菜单

单击【视图】组中【图层下拉菜单】按钮,系统会弹出如图1-21 所示的【图层】下拉菜单。【图层】下拉菜单中各命令的功能如下。

图 1-22　【图层设置】对话框

① 图层设置

该选项是在创建模型前,根据实际需要、用户使用习惯和创建对象类型的不同对图层进行设置。

利用该对话框,可以对部件中所有图层或任意一个图层进行【设置可选】【设为工作图层】【设为仅可见】和【设为不可见】等设置,还可以进行图层信息查询,也可以对层所属的种类进行编辑操作。

在【图层】下拉菜单中,单击【图层设置】选项,弹出【图层设置】对话框,如图 1-22 所示。

② 视图中可见图层

该选项用于控制工作视图中的某一图层是否可见。通常在创建比较复杂的模型时,为方便观察和操作,根据需要隐藏某些图层,或者打开隐藏的图层。

在对话框中选取用户欲设置的图层,然后单击【可见】或【不可见】选项按钮,从而完成对图层的可见或不可见设置。

③ 图层类别

该选项用于创建命名的图层组。

④ 移动至图层

该选项是指将选定的对象从一个图层移动到指定的一个图层,原图层中不再包含选定的对象。

在【图层】下拉菜单中,单击【移动至图层】选项,弹出【类选择】对话框,如图 1-23 所示。在绘图区选择对象后,单击【确定】按钮,弹出【图层移动】对话框,如图 1-24 所示。

图 1-23　【类选择】对话框　　　　图 1-24　【图层移动】对话框

在【目标图层或类别】文本框中输入"目标图层",单击【确定】按钮,完成操作。

⑤ 复制至图层

该选项是指将选取的对象从一个图层复制一个备份到指定的图层。其操作方法与【移动至图层】类似,二者的不同点在于执行【复制至图层】操作后,选取的对象同时存在于原图层和指定的图层。

1.6　UG NX 10.0 坐标系

微课 1.6

在绘图过程中,如果要精确定位某个对象的位置,则应以某个坐标系作为参照。

1.6.1　坐标系的分类

UG NX 中主要有三种坐标系:绝对坐标系、工作坐标系和基准坐标系,这三种坐标系在不同的模块中充当着设计坐标系、加工坐标系和运动坐标系的角色。

(1) 绝对坐标系(ACS)

绝对坐标系是 UG NX 内部固有的坐标系,是工作坐标系和基准坐标系的参考点,是为所有图形对象提供参考的坐标系。

在绘图区的左下方有个小坐标系图标,其标识的是绝对坐标系的方位。小图标的 X 轴、Y 轴、Z 轴分别代表绝对坐标系的 X 轴、Y 轴、Z 轴方位。绝对坐标系的原点处于视窗的正中央位置。

绝对坐标系既然是所有图形对象和其余坐标系的参考,那么其位置是确定的,方位也是确定的,因此它具有唯一性和不可变性的特点。

(2) 工作坐标系(WCS)

工作坐标系也叫用户坐标系,用户可以根据需要选择已经存在的坐标系作为工作坐标系,也可以创建新的坐标系为工作坐标系,可以对工作坐标系进行移动、旋转等重定向以便于建模。

工作坐标系在一个新建文件中是默认关闭状态。点击【菜单】|【格式】|【WCS】|【显示】,这时工作坐标系图标显示出来。工作坐标系初始默认在视窗的中央位置,且坐标轴方位与绝对坐标系的坐标轴方位重合。

工作坐标系只有一个,可以打开,也可以关闭,但不能删除,可以根据绘图的需要进行位置与方位的调整。因此工作坐标系具有唯一性和可变性的特点。

（3）基准坐标系（CSYS）

基准坐标系是在绘图过程中临时插入的基准,为图形对象提供参考。新建一个文件,系统默认在 61 图层设置了一个坐标系,该坐标系便是基准坐标系,最初默认的基准坐标系的原点位置与坐标轴方位均与绝对坐标系重合。在绘图过程中,可以根据需要建立不同位置、不同坐标轴方位的基准坐标系,多余的基准坐标系也可以删除,因此基准坐标系具有多样性和可变性的特点。

1.6.2　工作坐标系调整

工作坐标系具有唯一性和可变性,可以根据需要改变原点位置和坐标轴的方位,这种改变实际上是工作坐标系的一种调整。

首先打开工作坐标系,执行【菜单】|【格式】|【WCS】|【显示】命令,弹出工作坐标系调整子菜单,如图 1-25 所示。共有 7 种调整方法。

（1）动态

动态移动和重定向 WCS。

执行【菜单】|【格式】|【WCS】|【动态】命令,工作坐标系变成激活状态,如图 1-26 所示。在原点处有一个小圆球,绕各坐标轴旋转的圆弧上也各有一个小球,各坐标轴都带有箭头。单击原点处的小球,按住鼠标左键拖动,可移动坐标系至新位置。单击各坐标轴的箭头,按住鼠标左键拖动,工作坐标系只沿该坐标轴的方向移动,移动的距离可以用鼠标动态控制,也可以在弹出的文本框中输入,再按 Enter 键确定。单击绕各坐标轴旋转的小球,按住鼠标左键拖动,工作坐标系只绕该坐标轴方向旋转,转动的角度可以用鼠标动态控制,也可以在弹出的文本框中输入,再按 Enter 键确定。

坐标轴的转动遵循右手旋转法则,伸出右手,大拇指方向指向坐标轴的正向,四指弯曲的方向表示绕该坐标轴旋转的正向。

（2）原点

在原来工作坐标系的基础上,只改变原点位置,三坐标轴的方位不变,生成新的工作坐标系。

执行【菜单】|【格式】|【WCS】|【原点】命令,弹出【点】对话框,也就是所谓的点构造器,如图 1-27 所示。通过绘制空间上的一个点,使工作坐标系的原点移动到此位置。

在点构造器的【类型】下拉列表框中选择不同的构造类型选项,可以很方便地捕捉或定义不同类型的点。

图 1-25
【WCS】子菜单

图 1-26　激活状态的工作坐标系

图 1－27 【点】对话框

图 1－28 【旋转 WCS】对话框

（3）旋转

原来的工作坐标系绕 XC、YC、ZC 轴旋转一定角度，生成新的工作坐标系。

执行【菜单】|【格式】|【WCS】|【旋转】命令，弹出【旋转 WCS】对话框，如图 1－28 所示。按右手旋转法则，通过选择旋转轴并输入旋转角度绘制空间上的一个点，使工作坐标系转动一定角度。

（4）定向

通过创建一个新的基准坐标系的方法完成工作坐标系的调整。

执行【菜单】|【格式】|【WCS】|【定向】命令，弹出【CSYS】对话框，如图 1－29 所示。该种方法可以理解为新创建一个基准坐标系，使工作坐标系与之重合，从而实现工作坐标系的调整。

图 1－29 【CSYS】对话框

（5）设置为绝对

使新的工作坐标系调整为与绝对坐标系重合。

执行【菜单】|【格式】|【WCS】|【设置为绝对】命令。此时工作坐标系便调整到与绝对坐标系重合的位置，原点在视窗中央位置，坐标轴的方位也与视窗左下角的绝对坐标系坐标轴方位重合。我们经常用到该命令，因为当工作坐标系多次调整后方位会变乱，这时可通过该命令回到绝对坐标系的位置上。

（6）更改 XC 方向

在原点和 ZC 轴方向不变的情况下指定一点，使原点与指定点的连线为 XC 轴，那么垂于 XC 轴的方向便为 YC 轴，这样就生成了新的工作坐标系。

执行【菜单】|【格式】|【WCS】|【更改 XC 方向】命令，通过基准点的绘制方法确定一个点，然后该点与原点连线方向为 XC 轴，在过原点垂直于 ZC 轴的平面内，垂直于 XC 轴的便是 YC 轴。

 提示

通过【点】命令绘制的点只识别在原来 XC - YC 平面内的点，如果确定的点不在原 XC - YC 平面内，则识别的点为该点向 XC - YC 平面内的垂直投影点。

（7）更改 YC 方向

在原点和 ZC 轴方向不变的情况下指定一点，使原点与指定点的连线为 YC 轴，那么垂直于 YC 轴的方向便为 XC 轴，这样就生成了新的工作坐标系，操作方法同"更改 XC 方向"，这里不再详述。

任务 1 - 1   定制 UG NX 10.0 工作环境

任务描述

打开项目素材中的"阀座.prt"，完成以下定制。

（1）修改绘图区的背景色为"白色"。

（2）定制功能区。

① 取消功能区【曲面】选项卡的显示。

② 取消【标准化工具】【齿轮建模】【弹簧工具】【加工准备】【建模工具】【尺寸快速格式化工具】【Part File Security】工具条的显示，将【编辑特征组】工具条显示出来。

③ 将【螺纹】命令添加到【特征】工具条中。

（3）定制上边框条。将【适合窗口】命令添加到上边框的【视图】组中。

（4）定制建模首选项。

微课任务 1 - 1

相关知识

首选项定制、功能区定制、上边框条定制等。

任务实施

※STEP 1 打开文件

启动 UG NX 10.0,单击【打开】按钮 ,在【打开】对话框中选择项目素材中的"阀座.prt",单击【OK】按钮,打开文件并进入建模环境。

或者直接双击项目素材中的"阀座.prt",也可打开文件并进入建模环境。

※STEP 2 定制绘图区背景

参照图 1-30,并按下述步骤操作。

图 1-30 定制绘图区背景

(1) 执行【菜单】|【首选项】|【背景】命令,弹出【编辑背景对话框】。

(2) 在【编辑背景对话框】的【着色视图】面板中选择【纯色】,单击【普通颜色】按钮,弹出【颜色】对话框。单击【基本颜色】右下角的白色框,再在两个对话框里均单击【确定】按钮,即完成白色视窗背景的设置。

※STEP 3 定制功能区

(1) 在工具条的最右侧空白处单击,在弹出的快捷菜单中取消勾选【曲面】,则【曲面】选项卡不再显示,如图 1-31 所示。

图 1-31 定制功能区

（2）单击工具条最右侧的下拉箭头 ，在弹出的快捷菜单中取消勾选【标准化工具】【齿轮建模】【弹簧工具】【加工准备】【建模工具】【尺寸快速格式化工具】【Part File Security】，如图 1-31 所示，则这些工具条不再显示。

勾选【编辑特征组】工具条，则该工具条显示在功能区。

（3）在工具条的最右侧空白处单击，在弹出的快捷菜单中选择【定制】，弹出【定制对话框】，切换至【命令】选项卡，【类别】选择【所有命令】，在【搜索】文本框中输入【螺纹】，则在下拉列表中列出螺纹命令，选中【螺纹】命令，则鼠标则会变成 形状，拖动命令至【特征】工具条中适当位置，松开鼠标左键，这时【特征】工具条中将显示此项命令。操作如图 1-32 所示。

图 1-32　定制【特征】工具条中的命令

※STEP 4 定制上边框条

如图 1-33 所示，单击上边框条最右侧的下拉箭头 ，在弹出的快捷菜单中勾选【视图组】|【适合窗口】。

图 1-33　定制上边框条

※STEP 5 定制建模首选项

执行【菜单】|【首选项】|【建模】命令，弹出【建模首选项】对话框，在【常规】选项卡中设置【距离公差】为"0.01"。用户还可以根据自身需要定制其他选项，这里不再详述。

任务总结

本任务介绍了定制 UG NX 10.0 工作环境的方法及操作,用户可根据绘图需要和个人习惯设置其工作环境。

▶ 任务 1-2   调整鼠标模型 ◀

任务描述

鼠标模型如图 1-34 所示,完成下列任务:

(1) 隐藏模型中的曲线、草图、基准平面、坐标系。

(2) 将鼠标上表面白色区域改为灰色显示。

(3) 利用剖切截面观察模型内部结构。

(4) 将鼠标电线移至图层 2 上,并隐藏。

微课任务 1-2

相关知识

隐藏对象、修改对象明显示颜色、剖切截面、图层操作等。

图 1-34   鼠标模型

任务实施

※STEP 1 打开文件

启动 UG NX 10.0,单击【打开】按钮 📂 ,在【打开】对话框中选择项目素材中的"鼠标.prt",单击【OK】按钮,打开文件并进入建模环境,模型如图 1-34 所示。

或者直接双击项目素材中的"鼠标.prt",也可打开文件并进入建模环境。

※STEP 2 隐藏模型中的曲线、草图、基准平面、坐标系

参照图 1-35,按下述步骤操作。

图 1-35   隐藏操作

单击上边框条【视图】组中的【显示和隐藏】按钮 ,在弹出的【显示和隐藏】对话框中依次选择"片体""草图""曲线""坐标系""基准平面"后面的隐藏符号 ━ ,然后单击【关闭】按

钮,隐藏结果如图 1-35 所示。

※STEP 3 将鼠标上表面白色区域改为灰色显示

单击上边框条【实用工具】组中的【编辑对象显示】按钮,弹出【类选择】对话框,选择如图 1-37 所示的鼠标上表面的白色区域,单击【确定】按钮,在弹出的【编辑对象显示】对话框中选择【颜色】右侧的方框,在弹出的【颜色】对话框中选择"灰色",单击【确定】按钮,再次单击【确定】按钮,更改显示颜色结果如图 1-36 所示。

图 1-36 更改显示颜色

※STEP 4 利用剖切截面观察模型内部结构

参照图 1-37,按下述步骤操作。单击功能区的【视图】标签,切换到【视图】选项卡,在选项卡的【可见性】工具条中单击【编辑截面】按钮 ,弹出【视图截面】对话框,可以在对话框中设置"剖切方位""保留方向"以及调整剖切面位置等。

图 1-37 剖切截面

 提示

单击【可见性】工具条中的【剪切截面】按钮 ,可以取消剖切视图的状态。

※STEP 5 将鼠标电线移至图层 2 上,并隐藏

参照图 1-38,按下述步骤操作。

图 1-38 移至图层并隐藏

(1) 将【视图组】|【图层下拉菜单】定制到上边框条中。

(2) 单击【图层设置】的下拉箭头 ▼,选择【移动至图层】命令,弹出【类选择】对话框,在绘图区选中电线,单击【确定】按钮,弹出【移动图层】对话框,在【目标图层或类别】文本框中输入"2",单击【确定】按钮。

(3) 单击【图层设置】的下拉箭头 ▼,选择【图层设置】命令,在图层列表中单击"ALL"前面的 ⊞,展开"ALL"节点,取消勾选图层 2 复选框,则电线被隐藏。

任务总结

本任务介绍了定制 UG NX 10.0 中视图的操作,为后续建模工作打下基础。

项目 2

绘制草图

知识目标

(1) 掌握常用草图命令的基本操作方法。

(2) 掌握为草图添加几何约束和尺寸约束的方法。

(3) 掌握草图编辑、修改方法。

技能目标

(1) 能够正确使用绘图命令绘制草图。

(2) 能够为所绘制的草图添加合理的几何约束和尺寸约束。

(3) 能够正确使用绘图命令对草图进行编辑和修改。

项目描述

本项目将以两个典型草绘案例为载体,介绍 UG NX 10.0 的草图绘制、编辑和约束二维草图等内容。通过本项目的学习可以掌握 UG NX 10.0 的草图绘制及编辑的具体操作方法。

相关知识

2.1 认识草图

草图是与实体模型相关联的二维轮廓线的集合,创建草图是指在用户指定的平面上创建点、线等二维图形的过程。草图功能是 UG 特征建模的一个重要方法,比较适用于创建截面较复杂的特征建模。一般情况下,用户的三维建模都是从创建草图开始,即先利用草图功能创建出特征的大略形状,再利用草图的几何和尺寸约束功能,精确设置草图的形状和尺寸。绘制草图完成后即可利用拉伸、回转或扫掠等功能,创建与草图关联的实体特征。用户可以对草图的几何约束和尺寸约束进行修改,从而快速更新模型。

当需要参数化地控制曲线、或通过建立标准几个特征无法满足设计需要时,通常需创建草图。草图创建过程因人而异,下面介绍其一般的操作步骤。

(1) 进入草图界面。系统会自动命名该草图名。用户为了便于管理也可以将系统自动命名编辑修改为其他名称。

(2) 选定草绘平面。

(3) 创建草图对象。

(4) 添加约束条件,包括尺寸约束和几何约束。

（5）单击【完成草图】按钮 ，退出草图环境。

2.2 草图基本环境

在创建草图前，通常根据用户需要，需对草图基本参数进行重新设置。下面介绍草图基本参数设置方法及草图工作界面情况。

2.2.1 基本参数预设置

为了更准确有效地创建草图，需要对草图文本高度、原点、尺寸和默认前缀等基本参数进行编辑设置。

执行【文件】或【菜单】|【首选项】|【草图】命令，打开【草图首选项】对话框，该对话框包括【草图设置】【会话设置】和【部件设置】3个选项卡，如图 2-1 所示，用户可根据自身需要修改相关参数。

微课 2.2.1

2.2.2 草图工作平面

草图工作平面是用于草图创建、约束和定位、编辑等操作的平面，是创建草图的基础。

单击【草图】按钮 ，进入 UG NX 10.0 草图绘制界面，同时弹出创建草图对话框，如图 2-2 所示。

微课 2.2.2

图 2-1 【草图首选项】对话框

图 2-2 【创建草图】对话框

根据其【类型】|【平面方法】下拉列表框中的各种方式，创建草图工作平面。

（1）在平面上：在选定的基准平面、实体平面或以坐标系设定平面上创建草图。

（2）基于路径：在曲线轨迹路径上创建出垂直于路径、垂直于矢量、平行于矢量和通过轴的草图平面，并在草图平面上创建草图，如图 2-3 所示。

图 2-3 基于路径方式

关键

选择【基于路径】选项时,工作区中必须要存在供选取的曲线作为草图平面创建的路径。

2.3 创建草图对象

草图对象是指草图中的曲线和点。建立草图工作平面后,可以在草图工作平面上建立草图对象。建立草图对象的方法大致有两种:

(1) 在草图平面内直接利用各种绘图命令绘制草图。

(2) 将绘图区已经存在的曲线或点添加到草图中。

2.3.1 绘制直线

单击【直线】按钮,弹出如图 2-4 所示的【直线】对话框。绘制直线需要确定两个端点。端点的输入模式有两种:坐标模式 XY 和参数模式。"坐标模式"下,在动态坐标框内输入直线起点的 X、Y 坐标值,按 Enter 键确定点的输入。"参数模式"下,在动态坐标框内输入"长度"和"角度"。

微课 2.3.1

(a) 坐标模式   (b) 参数模式

图 2-4 【直线】对话框

2.3.2　绘制圆

单击【圆】按钮 ◯，弹出如图 2-5 所示的【圆】对话框。绘制圆的方法有两种：

(1) 通过圆心和直径定圆 ⊙。

(2) 通过圆上的三点定圆 ◯。

圆心和点的输入模式与直线端点的输入方式相同，即坐标模式 XY 和参数模式 ⊡。

2.3.3　绘制圆弧

单击【圆弧】◝ 按钮，弹出如图 2-6 所示的【圆弧】对话框。绘制圆弧的方法有两种：

(1) 三点定圆弧 ◠。

(2) 中心和端点定圆弧 ◞。

圆心和点的输入模式有两种，坐标模式 XY 和参数模式 ⊡。

2.3.4　绘制轮廓

轮廓是指以线串模式创建一系列的连接的直线和/或圆弧，即上一条的终点变成下一条线的起点。单击【轮廓】按钮 ◪，弹出如图 2-7 所示的【轮廓】对话框。

图 2-5　【圆】对话框

图 2-6　【圆弧】对话框

图 2-7　【轮廓】对话框

 技巧

利用轮廓线绘制的草图各线段是首尾相接的，这样有利于提高绘图的效率和质量，同时通过按下、拖动鼠标可变换绘制直线和圆弧。

2.3.5　绘制点

点是草图中最小的图形元素，可以以现有的点为参考绘制点，也可以新创建一个或多个点。

单击【点】按钮 ＋，弹出【草图点】对话框。单击【草图点】对话框上的【点】对话框按钮 ⊞，弹出如图 2-8 所示的【点】对话框。可以在"输出坐标"面板中输入点的 X、Y 坐标值，点击【确定】按钮创建一个新的点。或者在"类型"选项下选择一种方式完成点的创建。

图 2-8　【点】对话框

2.3.6　绘制矩形

单击【矩形】按钮□,弹出如图 2-9 所示的【矩形】对话框。绘制矩形的方法有三种:

(1)通过矩形的两个对角点,即单击【按 2 点】按钮□。采用此种方式获得矩形的中心线始终平行于 X 轴或 Y 轴。

(2)通过矩形的三个顶点确定,即点击【按 3 点】按钮□。

(3)通过矩形的中心点以及矩形的一个顶点和边中分点确定,即单击【从中心】按钮□。点可以通过"坐标模式"输入,矩形的宽度、高度和倾斜角度可以通过"参数模式"输入。

微课 2.3.6

图 2-9　【矩形】对话框

2.3.7　绘制艺术样条

单击【艺术样条】按钮,弹出【艺术样条】对话框。创建艺术样条的方法有两种:

(1)"通过点"~:在绘图区鼠标左键单击,选取几个点,即可生成一条通过所有点的样条曲线,如图 2-10(a)所示。

(2)"根据极点":在绘图区鼠标左键单击,选取几个点,即可生成一条通过两个端点,而不通过中间点的样条曲线,如图 2-10(b)所示。

微课 2.3.7

(a)"通过点"方式创建的艺术样条　　(b)"根据极点"方式创建的艺术样条

图 2-10　艺术样条的绘制

提示

(1) 选取极点最少个数,与参数化中的"次数"大小有关,次数为 3 时,最少 4 个点。次数越大,所需最少极点数越多。

(2) 绘制好后,若形状不满意也可以双击样条线,拖动线上的控制点,调整形状。

(3) 绘制好后,可以对样条线上的点标注尺寸或添加约束,来固定样条线。

图 2-11 【多边形】对话框

2.3.8 绘制多边形

单击【多边形】按钮 ◉ ,弹出如图 2-11 所示的【多边形】对话框。利用该对话框可以创建具有指定边数的多边形。在【中心—点】面板中点击【点对话框】按钮 ⊞ ,创建一个点作为多边形的中心位置放置点。在【边】面板中,输入创建多边形的边数。在【大小】面板中可以通过指定多边形边上的一个点,输入内切圆半径、外接圆半径以及边长等方法来确定多边形的大小。如图 2-12 所示,选择【内切圆半径】,输入的旋转值指的是中心点到多边形指定边的垂线与 X 轴的夹角;选择【外接圆半径】,输入的旋转值指的是中心点与多边形指定顶点的连线与 X 轴的夹角。

微课 2.3.8

(a) 内切圆半径   (b) 外接圆半径   (c) 边长

图 2-12 多边形的绘制

2.3.9 偏置曲线

偏置曲线是指对草图平面内的曲线或曲线链进行偏置,并对偏置生成的曲线与原曲线进行约束。偏置曲线与原曲线具有关联性,即对原曲线进行编辑修改,所偏置的曲线也会自动更新。单击【偏置曲线】按钮 ◌ ,弹出如图 2-13 所示的【偏置曲线】对话框。利用该对话框,用户可以在【距离】文本框设置偏置的距离。然后单击需偏置的曲线,系统会自动预览偏置结果,如图 2-14 所示。如有必要,单击反向按钮,可以使偏置方向反向。

微课 2.3.9

图 2-13　【偏置曲线】对话框

图 2-14　偏置结果

2.3.10　阵列曲线

微课 2.3.10

阵列曲线命令可对草图曲线进行有规律的多重复制,如矩形阵列或圆周阵列。单击【阵列曲线】按钮，弹出【阵列曲线】对话框。

在【要阵列的曲线】面板中点击【选择曲线】,在绘图区选择需要阵列复制的曲线。在【阵列定义】面板中确定阵列的方式和阵列的具体参数,点击【布局】面板,可选择线性、圆形、常规三种阵列方式。

(1) 线性:使用一个或两个线性方向定义布局。

通过【选择线性对象】,确定方向 1 和方向 2,如不勾选【使用方向 2】,则只沿单一方向进行阵列复制,方向 1 和方向 2 可以是 X 轴和 Y 轴,也可以是指定的任何两个方向(可以不垂直)。

【间距】面板中有 3 种选项可供选择。

① 数量和间隔:表示复制的个数与节距。

② 数量与跨距:表示在一定的跨距内复制多少个。

③ 节距和跨距:表示在一定的跨距内按一定的节距来复制曲线。

选择以上 3 种方式之一确定要复制曲线的数量和尺寸,线性阵列结果如图 2-15 所示。

(2) 圆形:使用旋转轴和可选的径向间距参数定义布局。

通过【指定点】处的【点对话框】按钮创建或选择圆形阵列的中心点。【方向】按钮是控制圆形阵列是按顺时针还是按逆时针方向复制。在【角度方向】面板中可确定复制的数量和尺寸。圆形阵列结果如图 2-16 所示。

图 2-15　线性阵列

图 2-16　圆形阵列

（3）常规：使用一个或多个目标点或者坐标系定义的位置来定义布局。常规阵列结果如图 2-17 所示。

图 2-17　常规阵列

2.3.11　镜像曲线

镜像曲线可以对曲线按镜像中心线对称复制。单击【镜像曲线】按钮 ，弹出如图 2-18 所示的【镜像曲线】对话框。单击【选择曲线】，选择需要镜像的曲线，或单击按钮区选择要镜像的点，然后单击【选择中心线】，选择某一直线或坐标轴作为镜像中心线，最后单击【确定】按钮完成镜像曲线复制并退出命令。若在【设置】面板中勾选【中心线转换为参考】，则选择的镜像中心线将由实线转换为双点画线的参考线。

微课 2.3.11

图 2-18　镜像曲线

2.3.12　投影曲线

微课 2.3.12

　　投影曲线是指将能够抽取的对象(关联和非关联曲线和点或捕捉点,包括直线的端点以及圆弧和圆的中心)沿垂直于草图平面的方向投影到草图平面上。

　　单击【投影曲线】按钮 ,弹出如图 2-19 所示的【投影曲线】对话框。选择要投影的曲线或点,单击【确定】按钮,系统将曲线从选定的曲线、面或边上投影到草图平面,成为当前草图对象。

图 2-19　投影曲线

2.3.13　派生直线

微课 2.3.13

　　派生直线是指由选定的一条或多条直线派生出其他直线。利用此选项可以在两平行线中间生成一条与两条平行线平行的直线,也可以创建两不平行直线的角平分线。单击【派生曲线】按钮 ,操作结果分别如图 2-20、图 2-21 所示。

图 2-20　创建两平行线间的平行线　　　图 2-21　创建两不平行线间的角分线

2.4　编辑草图对象

2.4.1　倒斜角

微课 2.4.1

　　倒斜角是在相交的曲线拐角处生成一定角度的斜角。单击【倒斜角】按钮，弹出如图 2-22 所示【倒斜角】对话框。单击【要倒斜角的曲线】面板中的【选择直线】，在绘图区选择要倒斜角的两条直线，如果勾选【修剪输入曲线】，则倒完斜角后，原直线被修剪；如果不勾选【修剪输入曲线】则倒完斜角后，原直线保留。

图 2-22　倒斜角

2.4.2　圆角

圆角是指在草图中的两条或三条曲线之间创建圆角。单击【圆角】按钮，弹出如图 2-23 所示【圆角】对话框。按不同选项结果如图 2-24 所示。

微课 2.4.2

图 2-23　【圆角】对话框

图 2-24　圆角示意图

2.4.3　快速修剪

快速修剪选项用于修剪草图对象中由交点确定的最小单位的曲线。可以通过单击鼠标左键并进行拖动来修剪多条曲线，也可以通过将光标移到要修剪的曲线上来预览将要修剪的曲线部分。

微课 2.4.3

单击【快速修剪】按钮，弹出【快速修剪】对话框。如果想同时修剪多条曲线，可一直按住鼠标左键，滑过要修剪的部分，就可将其全部修剪掉。

2.4.4　快速延伸

快速延伸选项可以将曲线延伸到它与另一条曲线的实际交点或虚拟交点处。要延伸多条曲线，只需将光标拖到目标曲线上。

微课 2.4.4

单击【快速延伸】按钮，弹出【快速延伸】对话框。延伸的结果如图 2-25 所示。

(a) 选择边界曲线　　(b) 延伸单一直线　　(c) 选择边界曲线　　(d) 延伸到虚拟交点

图 2-25　快速延伸

2.4.5　制作拐角

制作拐角是指通过将两条输入曲线延伸或修剪到一个交点处来制作拐角。

单击【制作拐角】按钮，弹出【制作拐角】对话框。按照对话框提示选择两条曲线制作拐角，操作结果如图 2 - 26 所示。

微课 2.4.5

(a) 有交点的两条线制作拐角　　　(b) 无交点的两条线制作拐角

图 2 - 26　制作拐角

2.4.6　移动曲线

移动曲线是指按某一方式移动一组曲线改变它们的位置。单击【移动曲线】按钮，弹出【移动曲线】对话框。单击【选择曲线】，然后在绘图区选择想要移动的曲线，接着在【变换】面板中确定选中曲线的移动方式。在【运动】下拉列表中选择适当的方法完成移动曲线操作，移动曲线结果如图 2 - 27 所示。

微课 2.4.6

(a) 距离-角度　　　　(b) 距离　　　　(c) 角度

(d) 点之间的距离　　　(e) 点到点　　　(f) 根据三点旋转

(g) 将轴与矢量对齐　　　(h) 动态　　　(i) 增量XYZ

图 2 - 27　移动曲线

2.4.7　偏置移动曲线

微课 2.4.7

偏置移动曲线是指按指定的偏移距离移动一组曲线,若该曲线周围有相关曲线,则相邻曲线会随之调整以适应其变化。偏置移动曲线结合了偏置和移动两个命令。单击【偏置移动曲线】按钮，弹出如图 2-28 所示的【偏置移动曲线】对话框。在绘图区选择想要偏置移动的曲线,在【偏置】面板中的【距离】文本框中输入偏置距离,可以单击【方向】按钮改变偏置方向。

图 2-28　偏置移动曲线

 提示

【偏置移动曲线】和【偏置曲线】命令的区别在于,采用【偏置移动曲线】命令后,原曲线消失,而采用【偏置曲线】命令后原曲线保留。

2.4.8　调整曲线大小

微课 2.4.8

调整曲线大小是指通过更改半径或直径调整一组曲线的大小,并调整相邻曲线以适应。单击【调整曲线大小】按钮，弹出如图 2-29 所示的【调整曲线大小】对话框。在绘图区选择想要调整大小的曲线,在【大小】面板中的【直径】文本框中输入调整后直径。

图 2-29　调整曲线大小

2.5　草图定位和约束

创建完草图几何对象后,需要对其进行精确约束和定位。通过草图约束可以控制草图对象的形状和大小,通过草图定位可以确定草图与实体边、参考面、基准轴等对象之间的位置关系。草图约束包括尺寸约束和几何约束。

2.5.1　尺寸约束

微课 2.5.1

尺寸约束用于控制一个草图对象的尺寸或两个对象间的关系。相当于对草图对象的尺寸标注。与尺寸标注不同之处在于尺寸约束可以驱动草图对象的尺寸,即根据给定尺寸驱动、限制和约束草图对象的形状和大小。

在草绘环境中单击【直接草图】工具条中【快速尺寸】按钮，弹出【快速尺寸】对话框,如图 2-30 所示。在绘图区选择需标注尺寸的曲线,完成尺寸标注操作。

图 2-30　快速尺寸标注

 提示

在 UG 中绘制草图曲线时,如果在【草图首选项】对话框中的【草图设置】选项卡下勾选了【连续自动标注草图尺寸】选项,则系统会自动进行尺寸约束,即每作一段线,系统自动标出尺寸。这样会对草图的修改带来不便,建议取消勾选【连续自动标注草图尺寸】选项。

2.5.2　几何约束

图 2-31　【几何约束】对话框

几何约束用于定位草图对象和确定草图对象之间的相互几何关系,分为约束和自动约束两种方法。单击【直接草图】工具条中的【几何约束】按钮，弹出【几何约束】对话框,如图 2-31 所示。【约束】面板中显示了常用的几种约束类型,此时选取视图区需创建几何约束的对象后,即可进行有关的几何约束。

微课 2.5.2

关键

在进行 UG 的约束时,一般根据具体情况,先对关键图素作几何与尺寸约束,如圆心约束在坐标中心或某给定位置,然后再约束其他相关部分。约束时,图形可能会产生大的变形,可以通过对曲线进行拖动、对圆心拖动等操作来进行调整,直到形状基本满意为止,只要进行了全约束,最终形状将是一致的。

2.5.3 显示/移除约束

微课 2.5.3

该选项用于查看草图几何对象的约束类型和约束信息,也可以完全删除对草图对象的几何约束限制。

单击【直接草图】工具条中单击【更多】按钮 ,在下拉列表中选择【显示/移除约束】按钮 ,弹出【显示/移除约束】对话框,如图 2-32 所示。在【显示约束】面板中列出了激活草图中存在的所有约束,可以删除其中的过约束。

2.5.4 转换至/自参考对象

微课 2.5.4

该选项是指将草图中的曲线或尺寸转换为参考对象,也可以将参考对象转换为正常的曲线或尺寸。有时在为草图对象添加几何约束和尺寸约束的过程中,有些草图对象和尺寸可能引起约束冲突,此时可以使用该选项来解决这个问题。

单击【直接草图】工具条中单击【更多】按钮 ,在下拉列表中选择【转换至/自参考对象】按钮 ,弹出【转换至/自参考对象】对话框。如果【转换至/自参考对象】按钮不在下拉列表中,可以通过【直接草图】工具条右下角的 按钮,选择【更多库】|【草图工具库】|【转换至/自参考对象】,勾选【转换至/自参考对象】选项,将其添加到【更多】选项卡中,如图 2-33 所示。

图 2-32 【显示/移除约束】对话框

图 2-33 将【转换至/自参考对象】按钮添加到【更多】选项卡中

提示 ───

参考线不参与实体的建立。

任务 2-1   绘制止动片轮廓草图

任务描述

绘制如图 2-34 所示的止动片轮廓草图,要求草图完全约束,尺寸标注正确,几何约束合理。

微课任务 2-1

任务分析

该轮廓曲线关于 X 轴对称,外部由 1 个半径为 30 的圆弧、若干条直线及 4 处 R2 的圆角构成,内部有 2 个 $\phi 10$ 的孔,可先大致画出内外轮廓线,再添加尺寸约束和几何约束。

相关知识

草图绘制、草图约束、草图编辑等。

任务实施

图 2-34   止动片轮廓草图

※STEP 1 进入草图绘制环境

(1) 启动 UG NX 10.0,单击【新建】按钮 ,在【新建】对话框中输入名称(止动片)和存储路径,"单位"设置为"毫米",选取"模型"所在行,单击【确定】按钮,进入建模环境。

(2) 单击【草图】按钮 ,在弹出的【创建草图】对话框中选择"XY 平面"为草绘平面,单击【确定】按钮,进入草图环境。

※STEP 2 草绘外轮廓曲线

单击【主页】选项卡中【直接草图】组中的【轮廓】按钮 ,在绘图区适当位置画止动片外轮廓大致形状,如图 2-35 所示。

※STEP 3 利用几何约束和尺寸约束编辑外轮廓草图

(1) 单击【直接草图】工具条中的【几何约束】按钮 ,在弹出的【几何约束】对话框中选择【点在曲线上】按钮 ,将圆弧中心约束在 X 轴及最左侧竖直线上,结果如图 2-36 所示。

(2) 单击【直接草图】工具条中的【快速尺寸】按钮 ,在弹出的【快速尺寸】对话框中选择合适【测量】方法,完成外轮廓线的尺寸约束,结果如图 2-37 所示。

(3) 单击【直接草图】工具条中的【几何约束】按钮 ,在弹出的【几何约束】对话框中选择【等长】按钮 ,将上、下两条长 24 的水平线约束为"等长"。至此,外轮廓曲线已全部约束完成。完成约束后的外轮廓线如图 2-38 所示。

图2-35 草绘外轮廓曲线

图2-36 利用【点在曲线上】
约束草绘外轮廓

图2-37 利用【快速尺寸】约束草绘外轮廓

图2-38 完全约束的外轮廓曲线

※STEP 4 草绘内轮廓曲线并完成约束

（1）单击【主页】选项卡中【直接草图】组中的【圆】按钮○，在绘图区适当位置画内轮廓的两个直径为 $\phi10$ 的圆，如图2-39所示。

（2）参照"步骤3"完成内轮廓线的尺寸约束和几何约束。完成效果如图2-40所示。

※STEP 5 外轮廓倒圆角

单击【主页】选项卡中【直接草图】组中的【圆角】按钮，分别选择外轮廓四个角点上的直线，完成倒 R2 圆角操作，结果如图2-41所示。

图2-39 草绘内轮廓曲线　　图2-40 完全约束的轮廓曲线　　图2-41 最终绘制的止动片轮廓曲线

技巧

如果在后续的尺寸约束中图形有较大的移动,可先用【固定】约束草绘中的一个几何图素。

　关键

约束圆心位置,要注意选择圆心,而不是选择圆弧。

任务总结

利用绘制草图曲线、草图约束等基本命令,完成止动片零件轮廓曲线的绘制。这里要特别注意对圆弧圆心位置的约束。

▶ 任务 2 - 2　绘制定子片轮廓草图 ◀

任务描述

绘制如图 2 - 42 所示的定子片轮廓草图,要求草图完全约束,尺寸标注正确,几何约束合理。

微课任务 2 - 2

任务分析

该轮廓曲线为轴对称图形,外部由 1 个直径为 84 的圆、两条竖直线及 4 处 R4 的圆角构成,内部由 6 个 $\phi4$ 的孔及中间不规则孔构成。因为该图形为轴对称图形,可先绘制一部分曲线,再利用镜像曲线的方法绘制相同的另一部分。

相关知识

草图绘制、草图约束、草图编辑等。

任务实施

图 2 - 42　定子片轮廓草图

※**STEP 1 进入草图绘制环境**

(1) 启动 UG NX 10.0,单击【新建】按钮🗋,在【新建】对话框中输入名称(定子片)和存储路径,"单位"设置为"毫米",选取"模型"所在行,单击【确定】按钮,进入建模环境。

(2) 单击【草图】按钮📇,在弹出的【创建草图】对话框中选择"XY 平面"为草绘平面,单击【确定】按钮,进入草图环境。

※**STEP 2 绘制内、外轮廓主要曲线**

(1) 单击【圆】按钮⭕,在绘图区以坐标原点为中心,画直径为 $\phi48$、$\phi84$ 的两个圆,如图 2 - 43 所示。

(2) 单击【直线】按钮✐,在 Y 轴左侧绘制一条竖直线,利用【快速尺寸】确定与 Y 轴的距

图 2-43 绘制 φ48、
φ84 两个圆

离为 30,通过【快速修剪】命令,去除多余曲线,结果如图 2-44 所示。

（3）单击【镜像曲线】按钮，将 Y 轴左侧绘制完成的镜像到右侧,通过【快速修剪】命令,去除多余曲线,结果如图 2-45 所示。

（4）单击【圆】按钮，绘制直径为 φ4 的圆,利用【几何约束】使其圆心落在 Y 轴上,利用【快速尺寸】约束其圆心到 X 轴的距离为 37,结果如图 2-46 所示。

（5）用相同方法绘制另外两个直径为 φ4 的圆,约束其位置,结果如图 2-47 所示。

图 2-44　绘制直线并修剪

图 2-45　镜像直线并修剪

图 2-46　绘制 φ4 的圆

图 2-47　绘制另外两个 φ4 的圆

（6）单击【直线】按钮，以 φ4 的圆心为起点绘制一条水平直线,选中直线,右键单击,在弹出的对话框中选择【转换成参考】命令,将其转换为参考线,结果如图 2-48 所示。

（7）单击【直线】按钮，绘制 φ4 圆的切线,约束切线与参考线的角度为 20°,结果如图 2-49 所示。

图 2-48　绘制参考线

图 2-49　绘制切线

(8) 单击【镜像曲线】按钮 ，选取切线为"要镜像的曲线"，选取参考线为"中心线"，镜像另一侧切线。结果如图 2-50 所示。

(9) 单击【快速修剪】按钮 ，修剪多余曲线，结果如图 2-51 所示。

图 2-50 镜像切线

图 2-51 修剪多余曲线

(10) 单击【镜像曲线】按钮 ，选取 Y 轴左侧 $\phi 4$ 圆、R2 圆弧及圆弧上两条切线为"要镜像的曲线"，选取 Y 轴为"中心线"，镜像另一侧曲线。结果如图 2-52 所示。

(11) 单击【快速修剪】按钮 ，修剪多余曲线，结果如图 2-53 所示。

图 2-52 镜像曲线

图 2-53 修剪多余曲线

(12) 单击【圆弧】 按钮，采用"中心和端点定圆弧"方式，以上方 $\phi 4$ 圆的圆心为圆心，绘制 R6 的圆弧，圆弧两个端点分别落在两条切线上，结果如图 2-54 所示。

(13) 单击【快速修剪】按钮 ，修剪多余曲线，结果如图 2-55 所示。

图 2-54 绘制 R6 圆弧

图 2-55 修剪多余曲线

(14) 单击【镜像曲线】按钮 ，选取 3 个 $\phi 4$ 圆、2 个 R2 圆弧和圆弧上四条切线及 R6 圆弧为"要镜像的曲线"，选取 X 轴为"中心线"，镜像另一侧曲线。结果如图 2-56 所示。

(15) 单击【快速修剪】按钮 ，修剪多余曲线，结果如图 2-57 所示。

图 2-56　镜像另一侧曲线

图 2-57　修剪多余曲线

※STEP 3 完善曲线细节

（1）单击【圆角】按钮 ⬜，"半径"为 R1，绘制不规则内轮廓曲线上的四处 R1。结果如图 2-58 所示。

（2）单击【直线】按钮 ✎，以外轮廓线上左侧竖线与上端圆弧的交点为起点，绘制长为 4 的竖直线，并利用【转换成参考】命令，将其转换为参考线，结果如图 2-59 所示。

图 2-58　绘制 R1 圆角

图 2-59　绘制参考线

（3）单击【圆弧】⬜ 按钮，采用"中心和端点定圆弧"方式，以参考线上端点为圆心，绘制 R4 的圆弧，圆弧两个端点分别落在左侧竖线与上端圆弧，结果如图 2-60 所示。

（4）单击【快速修剪】按钮 ⬜，修剪多余曲线，结果如图 2-61 所示。

图 2-60　绘制 R4 圆弧

图 2-61　修剪多余曲线

（5）单击【镜像曲线】按钮 $\widehat{\omega}$ ，R4 圆弧为"要镜像的曲线"，先选取 X 轴为"中心线"，单击【应用】按钮，镜像曲线。重复上述操作，再选取 Y 轴为"中心线"，单击【确定】按钮，完成镜像曲线操作。结果如图 2-62 所示。

（6）单击【快速修剪】按钮 $\boxed{\vee}$ ，修剪多余曲线，结果如图 2-63 所示。

图 2-62　镜像曲线

图 2-63　修剪多余曲线

任务总结

对于轴对称和中心对称图形，可先绘制一部分曲线，再利用【镜像曲线】【阵列曲线】等命令生成另外的曲线，可大大提高作图效率。

 习　题

项目习题

项目 3

实体特征建模

项目素材

知识目标

(1) 掌握创建基准轴、基准坐标系和基准平面的方法。
(2) 掌握建模需要的设计特征和成型特征的命令。
(3) 掌握特征编辑的方法。

技能目标

(1) 熟悉产品建模的一般思路。
(2) 能够根据零件图创建其三维模型,并进行相关编辑。

项目描述

本项目将以三个典型零件建模案例为载体,介绍 UG NX 10.0 的实体建模各种命令的操作。通过本项目的学习可以掌握 UG NX 10.0 的实体建模及特征编辑的具体操作方法和技巧。

相关知识

3.1 实体建模概述

实体模型可以将用户的设计概念以真实的模型在计算机上呈现出来,因此更符合人们的思维方式,同时也弥补了传统的面结构、线结构的不足。采用实体模型,可以方便地计算出产品的体积、面积、质心、质量、惯性矩等,便于人们真实地了解产品。实体模型还可用于装配间隙分析、有限元分析和运动分析等,从而让设计人员能够在设计阶段就能发现问题。因此直接创建三维实体模型也越来越重要。

UG NX 10.0 提供了特征建模模块、特征操作模块和特征编辑模块,具有强大的实体建模功能,并且在原有版本基础上进行了一定的改进,提高了用户设计意图表达的能力。使造型操作更简便、更直观、更实用。在建模和编辑的过程中能够获得更大的、更自由的创作空间,而且花费的精力和时间相比之下更少了。

特征建模是 UG NX 的核心技术,其初始的建模思想是通过曲线扫描运动轨迹创建实体模型。任何形状的实体都可以通过或者分解后通过拉伸、回转或扫掠的方法创建完成。为方便快速建模的需要,在此基础上开发衍生出许多特征建模方法,如基本体素特征、细节特征等,实现基于特征的参数化实体建模。一个实体模型或分解的实体模型可以以基本体素特征(如长方体、圆柱体、球体)为基材,通过去除材料(如孔、键槽、螺纹、圆角等特征)或添加材料(如凸台、垫块、加强筋等特征)进行布尔运算合并、相减、相交操作,以及实体与特征移动、旋转、复制、修剪、延伸等操作完成。UG NX 10.0 的特征建模方法分类如图 3-1 所示。

图 3-1 UG NX 10.0 的特征建模方法分类

UG NX 10.0 提供了专门用于特征建模的【特征】面板(位于功能区的【主页】选项卡中),如图 3-2 所示。

图 3-2 【特征】面板

3.2 建模基本环境

在创建三维实体前,通常根据用户需要,需对建模基本参数进行重新设置。下面介绍建模基本参数设置方法。

执行【菜单】|【首选项】|【建模】命令,打开【建模首选项】对话框,该对话框包括【常规】【自曲曲面】【分析】【编辑】【仿真】和【更新】6 个选项卡,用户可根据自身需要修改相关参数。

3.3　创建基准特征

基准特征主要用来为其他特征提供放置和定位参考。基准特征主要包括基准平面、基准轴、基准坐标系 CSYS 和基准点等。

3.3.1　基准平面

在设计过程中,时常需要创建一个新的基准平面,用于构造其他特征。

在【特征】面板中单击【基准平面】按钮 □,打开如图 3-3 所示的【基准平面】对话框。接着根据设计需要,指定类型选项、参考对象、平面方位和关联设置,即可创建一个新的基准平面。在【基准平面】对话框的【类型】下拉列表框中提供了 15 种类型选项。

微课 3.3.1

图 3-3　【基准平面】对话框

3.3.2　基准轴

打开项目素材中的"叉板.prt",执行【菜单】|【插入】|【基准/点】|【基准轴】命令,打开【基准轴】对话框,如图 3-4 所示,在类型面板中列举了 9 种创建方法。

微课 3.3.2

图 3-4　【基准轴】对话框

3.3.3　基准坐标系 CSYS

这部分内容的介绍详见项目 1,此处不再详述。

微课 3.3.3

3.4　创建基本体素特征

基本体素特征都具有比较简单的特征形状,可作为模型的第一个特征出现。使用基本体素特征工具可以直接生成实体,基本体素特征包括块、圆柱体、圆锥体和球体,通过输入参数可以直接创建实体模型。

3.4.1　块

利用该工具可通过多种方法,直接在绘图区中创建长方体或正方体等一些具有规则形状特征的三维实体。

微课 3.4.1

执行【菜单】|【插入】|【设计特征】|【长方体】命令,打开【块】对话框,如图 3-5 所示。此对话框中提供了 3 种创建长方体的方式。创建结果如图 3-6、图 3-7 所示。

图 3-6　通过【两点和高度】创建长方体

图 3-7　通过【两个对角点】创建长方体

图 3-5　【块】对话框

3.4.2　圆柱体

圆柱体可以看作是以长方形的一条边为旋转中心线,并绕其旋转 360°所形成的三维实体,此类实体比较常见,例如,机械传动中常用的轴类、销钉类等零件。

微课 3.4.2

执行【菜单】|【插入】|【设计特征】|【圆柱】命令,打开【圆柱】对话框,如图 3-8 所示。此对话框中提供了 2 种创建圆柱体的方法。

图 3-8　创建圆柱体

3.4.3　圆锥体

圆锥体是以一条直线为中心轴线,一条与其成一定角度的线段为母线,并绕该轴线旋转 360°形成的实体。在 UG NX 10.0 中,使用"圆锥"工具可以创建出圆柱体和圆台体两种三维实体。

微课 3.4.3

执行【菜单】|【插入】|【设计特征】|【圆锥】命令,打开【圆锥】对话框,如图 3-9 所示。此对话框中提供了 5 种创建圆锥的方式。

图 3-9　创建圆锥体

　提示

　　创建圆锥的方式基本上分为设置参数方式和指定圆弧方式,对话框中的前 4 种方式都属于设置参数方式,利用此方式创建圆锥时需分别设置有关参数。【圆锥】对话框中的【两个共轴的圆弧】属于指定圆弧方式,利用该方式创建圆锥时,需在视图中指定两个不相等的圆弧且圆弧不必平行。

3.4.4 球体

微课 3.4.4

球体是三维空间中,到一个点的距离相同的所有点的集合所形成的实体,它广泛应用于机械、家具等结构设计中,例如球轴承的滚子、球头螺栓、家具拉手等。

执行【菜单】|【插入】|【设计特征】|【球】命令,打开【球】对话框,如图 3-10 所示。此对话框中提供了 2 种创建球的方式。

图 3-10 创建球体

3.5 创建扫描特征

利用扫描特征工具可以将二维图形轮廓线作为截面轮廓,并沿所指定的引导路径曲线运动扫掠,从而得到所需的三维实体,此类工具是将草图特征创建实体,或利用建模环境中的曲线特征创建实体的主要工具,可分为拉伸、回转、扫掠和管道 4 种。

3.5.1 拉伸

微课 3.5.1

拉伸特征是曲线沿某一矢量方向运动生成的实体特征。

执行【菜单】|【插入】|【设计特征】|【拉伸】命令,打开【拉伸】对话框,如图 3-11 所示。利用【拉伸】对话框创建实体特征,其方法和步骤如下。

（1）定义截面

用户可以选择已有的草图或几何体边缘作为拉伸特征的截面。也可以创建一个新草图作为拉伸特征的截面,完成草图并退出草图环境后,系统自动选择该草图作为拉伸特征的截面。

（2）定义方向

可以通过【矢量】下拉列表来定义方向矢量,也可以单击【矢量构造器】按钮 ,从弹出的下拉列表中选取相应的方式,指定拉伸的矢量方向。若单击【反向】按钮 ⊠,则更改拉伸矢量方向。

图 3-11 【拉伸】对话框

（3）设置拉伸限制的参考值

在【限制】面板中设定拉伸特征的整体构造方法和拉伸范围。

（4）定义布尔运算

在【布尔】面板中指定要拉伸特征与创建该特征时所接触的其他体之间的布尔运算,包括"无""求合""求差""求交"和"自动判断"。

（5）定义拔模

在【拔模】面板中可以设置在拉伸时进行拔模处理,使用拔模可将斜率添加到拉伸特征的一侧或多侧,只能将拔模应用于基于平面截面的拉伸特征。拔模的角度参数可以为正,也可以为负。

（6）定义偏置

无论拉伸截面为非封闭还是封闭曲线,拉伸所得都为具一定截面厚度的实体。允许用户指定最多两个偏置来添加到拉伸特征。可以为这两个偏置指定唯一的值,在起始和终止框中或在它们的屏显输入框中输入偏置值。还可以拖动偏置手柄,只要起始偏置和终止偏置为相等值,偏置就在截面中对称。

（7）定义体类型

在【设置】面板中用户可以指定拉伸特征为一个或多个片体或实体。允许在创建或编辑过程中更改距离公差。

（8）使用预览

【预览】选项默认情况下会选择显示结果,在设置参数的同时,视图中拉伸体的形状会相应变动。

利用【曲线】进行实体拉伸时,需先在图形中创建出拉伸对象,并且所生成的实体不是参数化的数字模型,即对其进行修改时无法修改截面参数。利用【草图截面】进行拉伸操作时,系统工程将进入草图工作界面,根据需要创建草图后切换至拉伸操作,此时即可进行相应的拉伸操作,利用这种拉伸方法创建的实体模型是具有参数化的数字模型,不仅能修改其拉伸参数,还可修改其截面参数。如图 3-12 所示为创建的拉伸特征。

图 3-12   创建拉伸特征

 提示

如果选择的拉伸对象不封闭,拉伸操作时不设置"偏置",将生成片体;如果拉伸对象为封闭曲线,将生成实体。

3.5.2   旋转

微课 3.5.2

旋转操作是将草图截面或曲线等二维对象绕所指定的旋转轴线旋转一定的角度而形成实体模型,如带轮、法兰盘和轴类等零件。

执行【菜单】|【插入】|【设计特征】|【旋转】命令,打开【旋转】对话框,该对话框与【拉伸】对话框很相似,两者的操作方法基本相同,在这里不再详细介绍【旋转】对话框的相关功能。两者区别在于:当利用【旋转】进行实体操作时,所指定的矢量是该对象的旋转中心,所设置的旋转参数是旋转的起点和终点角度。如图 3-13 所示为创建的旋转特征。

图 3-13   创建旋转特征

3.5.3   扫掠

微课 3.5.3

扫掠的成型原理是将一个截面图形沿指定的引导线运动,从而创建出三维实体或片体。扫掠工具有多种,主要包括"沿引导线扫掠"和"扫掠"两种。

（1）扫掠

使用此方式进行扫掠操作时，只能创建出具有所选取截面图形形状特征的三维实体或片体，其引导线可以是直线、圆弧、样条等曲线。

执行【菜单】|【插入】|【扫掠】|【扫掠】命令，打开【扫掠】对话框，通过此对话框在绘图工作区中选取扫掠的截面曲线后，单击【引导线】面板中的【选择曲线】按钮，再选取图中的引导线，即可完成特征操作，创建的扫掠特征如图 3-14 所示。

图 3-14 创建扫掠特征

（2）沿引导线扫掠

此类型的操作方法与上面介绍的"扫掠"相似，区别在于使用此类型进行图形扫掠时，可以设置截面图形的偏置参数，并且扫掠生成的实体截面形状与引导线相应位置的法向平面的截面曲线形状相同。

📢 关键

使用扫掠方法进行扫掠操作时，所选择的引导线必须是首尾相接成相切的连续曲线，并且最多只能有 3 条。

3.5.4 管道

管道特征是扫掠的特殊情况，它的截面只能是圆。管道生成时需要输入管子的外径和内径，若内径为零，所生成的为实心管子。

微课 3.5.4

执行【菜单】|【插入】|【扫掠】|【管道】命令，打开【管道】对话框，通过此对话框，在图中选取引导线，再设置好管道的内径和外径，即可完成管道特征的创建，如图 3-15 所示。

图 3-15 创建管道特征

3.6 创建设计特征

设计特征是以现有模型为基础而创建的实体特征。利用设计特征工具可以方便地创建出较为细致的实体特征,如在实体上创建孔、凸台、腔体和沟槽等。此种类型的特征与现有模型关联,并且设计特征的生成方式都是参数化的,修改特征参数或者刷新模型即可得到新的模型。

3.6.1 孔

孔特征是指在模型中去除圆柱、圆锥或同时存在两种特征的实体面形成的实体特征。孔特征的创建在实体建模时经常用到,如创建轴端中心孔、螺纹底孔、螺栓孔等。

微课 3.6.1

执行【菜单】|【插入】|【设计特征】|【孔】命令,或单击【特征】工具条中的【孔】按钮,打开【孔】对话框,如图 3-16 所示,利用【孔】对话框创建孔特征,其方法和步骤如下。

(1)指定孔类型

在【类型】面板中,选择孔的类型。UG NX 10.0 提供了"常规孔""钻形孔""螺钉间隙孔""螺纹孔"和"孔系列"5 种创建孔的类型,选择不同类型的孔,对话框中的设置选项会有所不同。

① 常规孔

常规孔包括"简单孔""沉头孔""埋头孔"或"锥孔"。常规孔可以是盲孔、通孔、直至选定对象或直至下一个面。

 提示

沉头直径必须大于孔的直径,沉头深度必须小于孔深度,埋头直径必须大于孔的直径。

② 钻形孔

使用 ANSI 或 ISL 标准创建标准钻头钻出的孔。相比较,常规孔可以是钻头钻的孔、铣刀铣削的孔,也可以是车刀车出的孔。

图 3-16　创建常规孔特征

③ 螺钉间隙孔

生成的孔是专门配合螺栓使用的,是根据螺栓大径尺寸加一定的配合间隙生成的。

④ 螺纹孔

创建螺纹孔,其尺寸标注由标准、螺纹尺寸和径向进刀定义。

⑤ 孔系列

对多个实体组合一起打孔。

(2) 定义孔心位置

在【位置】面板中指定孔心位置。可以选择利用【选择】工具组选择现有点作为孔心位置,也可以单击【绘制截面】按钮,进入草图绘制环境,通过草图绘制点的方法在选定的草图平面上绘制一个或多个点来确定孔心位置。

(3) 定义方向

在【方向】面板中,确定打孔的方向,通常选择【垂直于面】,当需要打斜孔时,则选择【沿矢量】,单击【矢量对话框】按钮,在弹出的【矢量对话框】确定打孔的方向。

(4) 确定孔形状及尺寸

在【形状和尺寸】面板的【形状】下拉列表中选择生成的孔是"简单孔""沉头孔""埋头孔"或"锥孔",不同形式的孔的【尺寸】面板的显示会有所区别,根据需要输入不同的参数值。

在【深度限制】栏中有 4 种设置,即

① 值:按输入的深度值打孔。

② 直至选定:孔打到指定的位置。

③ 直至下一个:孔打到本段实体结束的位置。

④ 贯通体:贯穿整个实体打孔。

(5) 定义布尔运算

在【布尔】面板中定义布尔运算类型,孔特征的默认【布尔】选项为"求差"。

完成的常规孔特征如图 3-16 所示。

3.6.2　凸台、垫块和凸起

微课 3.6.2

凸台、垫块和凸起这 3 种特征的成型原理都是在实体面外侧增加指定的实体,它们和孔特征的成型原理正好相反。

(1) 凸台

使用此方式能在指定实体面的外侧创建出具有圆柱或圆台特征的三维实体或片体,其操作步骤与孔特征相同。

执行【菜单】|【插入】|【设计特征】|【凸台】命令,打开【凸台】对话框创建凸台的方法及步骤如下。

① 执行"选择步骤",即在型中指定凸台的平整放置面,例如选取长方体上平面作为凸台放置面。

② 设置凸台的参数,包括设置"直径""高度"和"锥角"。

③ 在【凸台】对话框中单击【确定】按钮。

④ 系统弹【定位】对话框,【定位】对话框提供 6 种定位工具。具体说明见表 3-3。利用该对话框中的相关定位按钮创建所需的定位尺寸来定位凸台。例如选择"垂直"定位工具,选取长方体上表面与前表面的交线作为第一参考,在【当前表达式】文本框中的输入距离值"50",单击【应用】按钮,再选择上表面与左侧面交线作为第二参考,在【当前表达式】文本框中的输入距离值"40",单击【确定】按钮,完成凸台的创建,结果如图 3-17所示。

表 3-3　创建凸台特征的定位工具

图　标	名　称	功　能
🔄	水平	定义点与点之间的水平距离
📐	竖直	定义点与点之间的竖直距离
📐	平行	定义点与点之间的连线距离
📐	垂直	定义点与线之间的垂直距离
📐	点落在点上	定义点与点重合
📏	点落在线上	定义点沿垂直方向落到线上

提示

凸台的拔模角为 0 时,所创建的凸台是一圆柱体;当为正值时,为一圆台体;当为负值时,凸台为一倒置的圆台体。该角度的最大值即是当圆柱体的圆柱面倾斜为圆锥体时的最大倾斜角度。

图 3-17　创建凸台特征

（2）垫块

使用此方式能在指定实体面上创建矩形和常规两种实体特征,该实体的截面形状可以是任意曲线或草图特征。

执行【菜单】|【插入】|【设计特征】|【垫块】命令,打开【垫块】对话框,创建垫块的方法及步骤如下。

① 选择"垫块"类型,例如选择"矩形"。

② 选择垫块放置面。

③ 定义水平参考。

④ 系统弹出【矩形垫块】对话框,输入尺寸参数,单击【确定】按钮,在弹出的定位对话框中设置定位,单击【确定】按钮,完成垫块创建,结果如图 3-18 所示。

图 3-18　创建垫块特征

（3）凸起

执行【菜单】|【插入】|【设计特征】|【凸起】命令,打开【凸起】对话框此类型的操作方法不仅可以选取实体表面上现有的曲线特征,还可以进行草图绘制所需截面的形状特征,然后选取需凸起的表面,最后设置相关的参数即可完成凸起特征操作,如图 3-19 所示。

图 3 - 19　创建凸起特征

3.6.3　槽

执行【菜单】|【插入】|【设计特征】|【槽】命令,打开【槽】对话框,创建槽的方法及步骤如下。

（1）选择槽类型和圆柱体或圆锥形的定位面。

① 矩形:创建四周均为尖角的槽。

② 球形端槽:创建底部有完整半径的槽。

③ U 形槽:创建在拐角有半径的槽。

（2）然后在弹出的【矩形槽】对话框中设置参数并单击【确定】按钮,"槽"工具临时显示为一个圆盘,圆盘从目标实体上除去的部分材料将是割槽形状。

（3）选择目标边(在目标实体上)并选择工具边缘或中心线(在槽工具上)。输入选中的边之间需要的水平距离并单击【确定】按钮,再使用定位对话框精确定位槽,创建的"槽"特征如图 3 - 20 所示。

微课 3.6.3

图 3 - 20　创建槽特征

3.6.4 键槽

此工具可以在实体中去除具有矩形、球形端、U形、T型键或燕尾5种形状特征的实体，从而形成所需的键槽特征，所指定的放置表面必须是平面。

执行【菜单】|【插入】|【设计特征】|【键槽】命令，打开【键槽】对话框创建槽的方法及步骤如下。

(1) 选择键槽类型，单击【确定】按钮。

(2) 选择键槽放置面和水平参考。

(3) 在弹出的【矩形键槽】对话框中设置参数并单击【确定】按钮。

(4) 使用定位对话框精确定位槽。创建的键槽特征如图 3-21 所示。

图 3-21　创建键槽特征

 提示

由于【键槽】工具只能在平面上操作，所以在轴、齿轮、联轴器等零件的圆柱面上创建键槽之前，需要先建立好用以创建键槽的放置平面。

3.6.5 螺纹

螺纹是指在圆柱或圆锥表面上，沿螺旋线所形成的具有相同剖面的连续凸起和沟槽。

在圆柱外表面上形成的螺纹称为外螺纹，在圆柱内表面上形成的螺纹称为内螺纹。内外螺纹成对使用，可用于各种机械连接、传递运动和动力。在机械设备安装中，螺栓和螺母被广泛地成对使用，由于是标准件，一般不需要单独设计，但在制作设备的三维模型过程中，有时也需要对其进行实体建模。

执行【菜单】|【插入】|【设计特征】|【螺纹】命令，打开【螺纹】对话框在 UG NX 10.0 中，提供了以下两种创建螺纹的方式。

(1) 符号：是指在实体上以虚线来显示创建的螺纹，而不是真实显示螺纹实体特征。这种创建方式有利于工程图中螺纹的标注，同时能够节省内存，加快软件的运算速度。选中

【符号】单选按钮,弹出新的【螺纹】对话框。选择螺纹参数,连续单击【确定】按钮,即可获得符号螺纹效果。

　　(2)详细:是指创建真实的螺纹,它将所有螺纹的细节特征都表现出来,如图 3-22 所示。但是由于螺纹几何形状的复杂性,使该操作创建和更新速度较慢,所以在一般情况下不建议使用。执行该操作对应的选项与符号螺纹完全相同,在此就不再详述了。

图 3-22　创建螺纹特征

提示

可以在【螺纹】对话框中重新定义螺纹的各种特征参数,以生成新的螺纹。

3.7　创建细节特征

　　细节特征是在特征建模的基础上增加些细节的表现,是在毛坯的基础上进行详细设计的操作手段。可以通过倒圆角和倒斜角操作,为基础实体添加一些修改特征,从而满足工艺的需要。也可以通过拔模、抽壳、修剪以及拆分等操作对特征进行实质性编辑,从而符合生产的要求。

3.7.1　倒圆角

　　倒圆角是在两个实体表面之间产生的平滑的圆弧过渡。在零件设计过程中,倒圆角操作比较重要,它不仅可以去除模型的棱角,满足造型设计的美学要求,而且还可以通过变换造型,防止模型受力过于集中造成的裂纹。在 UG NX 10.0 中可创建 2 种倒圆角类型,它们分别是边倒圆和面倒圆。

微课 3.7.1

（1）边倒圆

边倒圆特征是用指定的倒圆半径将实体的边缘变成圆柱面和圆锥面。

执行【菜单】|【插入】|【细节特征】|【边倒圆】命令，打开【边倒圆】对话框，对于恒定半径的常规圆角，其创建方法很简单，步骤如下。

① 选择要倒圆的边。

② 在文本框设置当前圆角集的半径［混合面连续性通常为"G1（相切）"，形状为"圆形"］，需要时可以利用【边倒圆】对话框设置其他参数行和选项。

③ 单击【确定】按钮。

创建的边倒圆特征如图 3-23 所示。

（2）面倒圆

面倒圆特征是在选定的面组之间创建相切于面组的圆角面，圆角的形状可以是圆形、二次曲线或规律控制 3 种类型。单击【面倒圆】按钮，打开【面倒圆】对话框，如图3-24 所示。

图 3-23　创建边倒圆特征

图 3-24　【面倒圆】对话框

该对话框包含【类型】选项组、【面链】选项组、【横截面】选项组、【约束和限制几何体】选项组、【修剪和缝合】选项组、【设置】选项组和【预览】选项组。通过该对话框进行面倒圆的方法：从【类型】选项组的下拉列表框中选择【两个定义面链】选项或【三个定义面链】选项，再分别选择所需的面链（选择【两个定义面链】选项时，需要分别选择面链 1 和面链 2；选择【三个定义面链】选项时,需要分别指定面链 1、面链 2 和中间面),接着设置其方向(例如要求两组面矢量方向一致),然后定制倒圆横截面,包括对"截面方向""形状""半径方法"和"半径"等参数的设置,必要时设置【约束和限制几何体】【修剪和缝合选项】等。

面倒圆的示例如图 3－25 所示,具体步骤如下。

图 3－25　创建面倒圆特征

① 选择类型选项为【两个定义面链】。

② 指定面链 1 和面链 2。

③ 指定【横截面】选项组的【截面方向】下拉列表框中选择"滚球",从【形状】下拉列表框中选择"圆形",【半径方法】下拉列表框中选择"规律控制",选择边线定义脊线,【规律类型】下拉列表框中选择"线性","半径起点"值为"5","半径终点"值为"10"。

④ 单击【确定】按钮,完成面倒圆操作。

3.7.2　倒斜角

倒斜角又称倒角,它是处理模型周围棱角的方法之一。其操作方法与倒圆角相似,都是选取实体边缘,并按照指定尺寸进行倒角操作。

执行【菜单】|【插入】|【细节特征】|【倒斜角】命令,打开【倒斜角】对话框。根据倒角的方式可分为"对称""非对称"以及"偏置和角度"3 种类型。

微课 3.7.2

(1) 对称:对称倒斜角是相邻两个面上对称偏置一定距离,从而去除棱角的一种方式。它的斜角值是固定的 45°,并且是系统默认的倒角方式,效果如图 3－26(a)所示。

(2) 非对称:非对称截面设置是对两个相邻面分别设置不同的偏置距离所创建的倒角特征。在【横截面】选项列表中选择【非对称】选项,然后通过在两个偏置文本框中输入不同的参数值来创建倒斜角,效果如图 3－26(b)所示。

（3）偏置和角度：偏置和角度是通过偏置距离和旋转角度两个参数来定义的倒角特征。其中偏置距离是沿偏置面偏置的距离，旋转角度是指与偏置面成的角度。如果单击【反向】按钮，可通过切换偏置面更改倒斜角的方向，效果如图 3-26(c)所示。

(a) 对称偏置　　　(b) 非对称偏置　　　(c) 偏置和角度偏置

图 3-26　创建倒斜角特征

3.7.3　拔模

微课 3.7.3

注塑件和铸件往往需要一个拔模斜面才能顺利脱模，这就是所谓的拔模处理。它主要是对实体的某个面沿指定方向的角度创建特征，使得特征在一定方向上有一定的斜度。此外，单一平面、圆柱面以及曲面都可以建立拔模特征。

执行【菜单】|【插入】|【细节特征】|【拔模】命令，打开【拔模】对话框。根据拔模的方式可分为"从平面或曲面""从边""与多个面相切"和"至分型边"4 种类型。

（1）从平面或曲面：从平面或曲面拔模是通过选定的平面产生拔模方向，然后依次选取固定平面、拔模曲面，并设定拔模角度来创建拔模特征。如果在【角度】文本框中设置的角度为负值，将产生相反方向的拔模特征，效果如图 3-27 所示。

图 3-27　创建"从平面"拔模特征

（2）从边：从边拔模是从一系列实体的边缘开始，与拔模方向成一定的拔模角度，并对指定的实体进行拔模操作，它常用于变角度拔模。创建边拔模特征与创建面拔模的方法相似,只不过面拔模在指定拔模方向后,指定的是固定面,而边拔模特征指定的是固定边。

（3）与多个面相切:相切拔模适用于对相切表面拔模后要求仍然保持相切的情况。产生拔模方向后,选取要拔模的平面,即保持相切的平面,并在【角度】文本框中设置拔模角度即可。

（4）至分型边:该拔模方式用于从参考点所在的平面开始,并与拔模方向成一定拔模角度,沿指定的分型边缘对实体进行拔模操作,适用于实体分体型拔模特征的创建。要创建分型边拔模特征,确定拔模方向后,依据提示选取固定平面,并选取分型线,最后设置拔模角度值即可。

3.7.4 抽壳

壳特征在机械制造中又被称为抽壳,是从指定的平面向下移除一部分材料而形成的新特征。它常用于塑料或者铸造零件中,可以把成型零件的内部掏空,使零件的厚度变薄,从而大大节省材料。

微课 3.7.4

执行【菜单】|【插入】|【偏置/缩放】|【抽壳】命令,打开【抽壳】对话框。根据抽壳的方式可分为"移除面,然后抽壳"和"对所有面抽壳"2 种类型。

（1）移除面,然后抽壳:是指选取一个面为穿透面,则以所选取的面为开口,和内部实体一起抽掉,剩余的面以默认的厚度或替换厚度形成腔体的薄壁。要创建该类型抽壳特征,可首先指定拔模厚度,然后选取实体中某个表面为移除面,即可获得抽壳特征,如图 3-28 所示。如果在【备选厚度】选项组的【厚度】文本框中输入新的厚度值,并在绘图工作区选取实体的外表面,则该表面将按照指定厚度发生改变。

图 3-28 创建"移除面,然后抽壳"抽壳特征

（2）对所有面抽壳:是指按照某个指定的厚度,在不穿透实体表面的情况下挖空实体,即可创建中空的实体。该抽壳方式与"移除面,然后抽壳"的不同之处在于移除面抽壳是选取移除面进行抽壳操作,而该方式是选取实体进行抽壳操作。

关键

在设置抽壳厚度时,输入的厚度值可正可负,但其绝对值必须大于抽壳的公差值,否则将出错,并且在抽壳过程中,偏移面步骤并不是必需的。

3.8 布尔运算

在实体建模过程中,将已经存在的两个或多个实体进行合并、求差或求交的一种操作手段称为布尔运算。经常用于需要剪切实体、合并实体,或者获取实体交叉部分的情况。根据布尔运算结果影响效果的不同,把布尔运算所设计的实体分为两类,即目标体和工具体。

微课 3.8

目标体:被执行布尔运算且第一个选择的实体称为目标体。运算的结果加到目标体上,并修改目标体,其结果的特性遵从目标体。一次布尔运算只有一个目标体。

工具体:在目标体上执行布尔运算操作的实体称为工具体。工具体将加到目标体上,操作后具有和目标体相同的特性。工具体可以有多个。

3.8.1 合并

将两个或多个实体组合成一个新的实体称为求和操作。

执行【菜单】|【插入】|【组合】|【合并】命令,打开【合并】对话框,依次选取目标体和工具体进行合并操作,合并效果如图 3-29(a)所示。

3.8.2 求差

将工具体与目标体相交的部分去除而生成一个新的实体的操作称为求差操作,它适用于实体和片体两种类型,同样也可以设置是否保留先前的目标体和工具体。

执行【菜单】|【插入】|【组合】|【减去】命令,打开【求差】对话框,依次选取目标体和工具体,如果欲保留原目标体或工具体,可分别选中【保存目标】或【保存工具】复选框,还可同时选中两个复选框来保留两个原实体。在【预览】栏中勾选【预览】选项,求差效果如图3-29(b)所示。

3.8.3 求交

截取目标体与所选工具体之间的公共部分而生成一个新的实体的过程称为求交操作。其公共部分即是进行该操作时两个体的相交部分。

执行【菜单】|【插入】|【组合】|【相交】命令,打开【求交】对话框,依次选取目标体和工具体进行求交操作,求交效果如图 3-29(c)所示。

(a) 合并效果图   (b) 求差效果图   (c) 求交效果图

图 3-29 布尔运算

3.9　特征操作

3.9.1　阵列特征

阵列特征可以看作是一种特殊的复制方法,如果将创建好的特征模型进行阵列图样操作,可以快速建立同样形状的多个呈一定规律分布的特征阵列。在 UG NX 10.0 建模过程中,利用该操作可以对实体进行多个成组的镜像或者复制,避免对单一实体的重复操作。

执行【菜单】|【插入】|【关联复制】|【阵列特征】命令,打开【阵列特征】对话框,如图 3-30 所示。该对话框包括 7 个可用的布局类型 ,单击不同的按钮,可以使用不同的方式创建实例特征。

(1) 线性:线性阵列常用于有棱边实体表面的重复性特征的创建,如电话机、键盘上的按键等设计。执行该操作,将指定的特征沿一个或两个方向复制成一维或二维的矩形排列,使阵列后的特征呈矩形(行数×列数)排列。线性阵列效果如图 3-31 所示。

(2) 圆形:圆形阵列常用于环形、盘类零件上重复性特征的创建,如轮圈的轮辐造型、风扇的叶片等。该操作用于以圆形阵列的形式来复制所选的实体特征,使阵列后的特征呈圆周排列。圆形阵列效果如图 3-32 所示。

创建圆形阵列的方法与矩形阵列相似,不同之处在于圆形阵列方式需指定

图 3-30　【阵列特征】对话框

阵列的数量和角度值,并且要指定旋转轴或点和方向,使其沿参照对象进行圆形阵列操作。

(3) 多边形:沿一个正多边形进行阵列。

(4) 螺旋式:沿螺旋线进行阵列。

(5) 沿:沿一条曲线路径进行阵列。

(6) 常规:根据空间的点或由坐标系定义的位置点进行陈列。

(7) 参考:参考模型中已有的阵列方式进行阵列。

图 3-31 线性阵列效果   图 3-32 圆形阵型特征

3.9.2 修剪体

微课 3.9.2

修剪是将实体一分为二,保留一边而切除另一边,并仍然保留参数化模型。其中修剪的实体和用来修剪的基准面和片体相关,实体修剪后仍然是参数化实体,并保留实体创建时的所有参数。

执行【菜单】|【插入】|【修剪】|【修剪体】命令,打开【修剪体】对话框,选择要修剪的实体,再选择工具体,工具体可以是创建的新基准平面或曲面,也可以是系统默认的基准平面,单击【反向】按钮,可以切换修剪实体的方向。修剪体效果如图 3-33 所示。

3.9.3 拆分体

微课 3.9.3

分割体是将实体一分为二,同时保留两边。被分割的实体和用来分割的几何体具有相同的性质。和修剪体不同的是,实体分割后变为非参数化实体,并且实体创建时的所有参数全部丢失,因此一定要谨慎使用。

执行【菜单】|【插入】|【修剪】|【拆分体】命令,打开【拆分体】对话框,选取要拆分的实体,再选择工具体,单击【确定】按钮,生成的拆分体特征如图 3-34 所示。

图 3-33 修剪体特征   图 3-34 拆分体特征

关键

在使用实体表面或片体修剪实体时,修剪面必须完全通过实体,否则会显示出错提示信息。基准平面为没有边界的无穷面,实体必须位于基准平面的两边。

3.10　编辑特征

特征编辑是指在完成特征创建后,对特征不满意的地方进行重新编辑的操作过程。利用该功能可以实现特征的重定义,避免了人为的误操作产生的错误特征,也可以通过修改特征参数,以满足新的设计要求。

3.10.1　编辑特征参数

编辑特征参数允许重新定义任何参数化特征的参数值,并使模型更新以显示所做的修改。此外,该工具还允许改变特征放置面和改变特征类型。

微课 3.10.1

执行【菜单】|【编辑】|【特征】|【编辑参数】命令,打开【编辑参数】对话框。在【编辑参数】对话框中选取需要编辑的特征或在已绘图形中选择需要编辑的特征,系统会根据用户所选择的特征弹出不同的对话框来完成对该特征的编辑。

例如:要更改图 3 - 35 所示遥控器外壳(项目素材中的"遥控器外壳.prt")上高亮显示的"孔"特征参数,操作步骤如图 3 - 36 所示。

图 3 - 35　要编辑参数的"孔"特征

图 3 - 36　编辑特征参数

① 在【编辑参数】对话框中选择要编辑参数的孔特征。

② 单击【确定】按钮,弹出新的【编辑参数】对话框。

③ 在【编辑参数】对话框中选择不同的特征参数的编辑方式,则会弹出不同的对话框。如选择【特征对话框】方式,弹出新的【编辑参数】对话框。

④ 在弹出的【编辑参数】对话框中更改孔的"直径""高度""顶锥角"。

⑤ 单击【确定】按钮,完成编辑特征参数操作。

3.10.2 编辑位置参数

微课 3.10.2

编辑位置可以通过编辑定位尺寸值来移动特征,也可以为那些在创建特征时没有指定定位尺寸或定位尺寸不全的特征添加定位尺寸,此外,还可以直接删除定位尺寸。

执行【菜单】|【编辑】|【特征】|【编辑位置】命令,打开【编辑位置】对话框,根据【编辑位置】对话框的提示选取编辑特征,并打开新的【编辑位置】对话框,设置相关参数。

例如:要编辑图 3-37 所示叉板零件(项目素材中的"叉板.prt")上方"凸台"的位置,操

要编辑的凸台

图 3-37 要编辑位置的
凸台特征

作步骤如图 3-38 所示。

① 在【编辑位置】对话框中选择要编辑位置的凸台特征。

② 单击【确定】按钮,弹出新的【编辑位置】对话框。

③ 在【编辑参数】对话框中选择不同的特征参数的编辑方式,则会弹出不同的对话框。如选择【编辑尺寸值】方式,弹出新的【编辑位置】对话框。

④ 选择需要编辑位置的尺寸。

⑤ 在弹出的【编辑表达式】对话框中输入更改后的尺寸值"20"。

⑥ 单击【确定】按钮,完成编辑位置操作。

图 3-38 编辑位置

3.10.3 移动特征

微课 3.10.3

移动特征是将非关联的特征移动到所需位置,它的应用主要包括两个方面:第一,可以将没有任何定位的特征移动到指定位置;第二,对于有定位尺寸的特征,可以利用编辑位置尺寸的方法移动特征。

执行【菜单】|【编辑】|【特征】|【移动】命令,打开【移动特征】对话框,选择列表中的特征,单击【确定】按钮,弹出新的移动特征对话框,如图 3-39 所示。

在该对话框中包括了 4 种移动特征的方式,分别介绍如下。

(1) DXC、DYC、DZC:通过在基于当前工作坐标系的 DXC、DYC、DZC 文本框中输入增量值来移动指定的特征,效果如图 3-40 所示。

图 3-39 【移动特征】对话框

图 3-40 移动特征效果

(2)【至一点】:利用【点构造器】对话框,分别指定参考点和目标点,将所选实体特征移动到目标点。

(3)【在两轴间旋转】:可以将特征从一个参照轴旋转到目标轴。首先使用【点构造器】工具捕捉旋转点,然后在【矢量构成器】对话框中指定参考轴方向和目标轴方向即可。

(4)【CSYS 到 CSYS】:可以将特征从一个参考坐标系重新定位到目标坐标系。通过在 CSYS 对话框中定义新的坐标系,系统将把实体特征从参考坐标系移动到目标坐标系。操作方法比较简单,这里就不再详述了。

3.10.4 抑制特征

微课 3.10.4

抑制特征是从实体模型上临时移除一个或多个特征,即取消它们的显示。此时,被抑制的特征及其子特征前面的绿钩消失。

执行【菜单】|【编辑】|【特征】|【抑制】命令,打开【抑制特征】对话框,如图 3-41 所示。在【过滤器】列表中选择要抑制的特征,【选定的特征】列表中将显示该抑制的特征,单击【确定】按钮即可,效果如图 3-42 所示。

图 3-41 【抑制特征】对话框

图 3-42 抑制特征结果

也可以在【部件导航器】中直接选择抑制的特征,将其前面的绿钩去掉即可达到抑制特征的效果。如果要取消特征的抑制,可单击特征前面的方框,将绿钩显示出来,取消相应特征抑制。

 关键

在资源栏或绘图区中选取要抑制的特征,右击,然后选择【抑制】选项,按住 Ctrl 键,可以一次选取多个特征。

▷ 任务 3-1 绘制模柄模型 ◁

任务描述

绘制如图 3-43 所示的模柄零件。

图 3-43 模柄零件

微课任务 3-1

任务分析

模柄零件属于典型的回转体轴套类零件,该零件的建模步骤可采用方案一:草绘所有细节,包括倒斜角、退刀槽、孔等→旋转,也可以采用方案二:草绘 φ50、φ42、φ40 截面→旋转→创建倒斜角、退刀槽、孔等特征。

相关知识

草绘、旋转特征、倒斜角、键槽、孔等命令的应用。

任务实施

方案一:

※STEP 1 绘制回转的草绘截面

(1)创建一个名为"模柄.prt"的新文件并进入建模模块。

(2)单击【直接草图】工具条中的【草图】按钮 ,进入 UG NX 10.0 草绘投影界面。在弹出的【创建草图】对话框中选择"YC-ZC 平面",单击【确定】按钮,即创建 YC-ZC 面为草图工作平面。

(3)绘制截面草图。绘制如图 3-44 所示的截面草图,完成草绘并退出草绘界面。

※STEP 2 创建回转特征

执行【菜单】|【插入】|【设计特征】|【旋转】命令,或者单击【特征】工具条中的【旋转】按钮,进入旋转特征模式,系统弹出【旋转】对话框,选择步骤 1 中第(3)步绘制的截面曲线为旋转曲线,【指定矢量】选择"Z 轴",【指定点】选择"原点",单击【确定】按钮,完成旋转特征的创建,如图 3-45 所示。

图 3-44　截面草图(一)

图 3-45　创建旋转特征(一)

方案二：

※STEP 1 绘制回转的草绘截面

绘制截面草图。绘制如图 3-46 所示的截面草图。完成草绘并退出草绘界面。

※STEP 2 创建回转特征

参考方案一,选择步骤 1 中绘制的截面曲线为旋转曲线,【指定矢量】选择"Z 轴",【指定点】选择"原点",设置相关参数。单击【确定】按钮,完成旋转特征的创建,如图 3-47 所示。

※STEP 3 完善细节

(1) 倒外侧三处斜角。执行【菜单】|【插入】|【细节特征】|【倒斜角】命令,或单击【特征】工具条中的【倒斜角】按钮,弹出【倒斜角】对话框。选择如图 3-48 所示的边 1 和边 2,设置相关参数,单击【应用】按钮,再选择如图 3-48 所示的边 3,设置相关参数,单击【确定】按钮,完成外侧倒斜角特征操作,结果如图 3-49 所示。

图 3-48　外侧倒斜角边

图 3-46　截面草图(二)

图 3-47　创建旋转特征(二)

图 3-49　创建外侧倒斜角

（2）创建孔特征并在孔边倒斜角。执行【菜单】|【插入】|【设计特征】|【孔】命令，或者单击【特征】工具条中的【孔】按钮，系统弹出【孔】对话框，选择模柄底部 $\phi50$ 圆的圆心为孔心，"孔方向"选择"垂直于面"，"形状"选择"简单孔"，"直径"输入"11"，"深度"输入"100"，单击【确定】按钮，完成孔特征的创建，如图 3-50 所示。参照外侧三处倒斜角操作，完成孔边倒斜角特征，其效果如图 3-51 所示。

（3）创建退刀槽特征。执行【菜单】|【插入】|【设计特征】|【槽】命令，弹出【槽】对话框。如图 3-52 所示创建槽特征。

该圆圆心为孔心

图 3-50 创建孔特征　　　　　　图 3-51 创建孔边倒斜角

图 3-52 创建槽特征

任务总结

轴套类的零件通常采用回转特征完成建模，斜角、槽、圆角等特征可在草绘时画出，也可在回转特征之后，利用倒斜角、槽、边倒圆等命令做出，实际建模中常采用后者。

▶ 任务 3-2　绘制下模座模型 ◀

任务描述

绘制如图 3-53 所示的下模座实体模型。

微课任务 3-2

图 3 - 53 下模座零件图

任务分析

下模座属于典型的板类零件,上面有 2 个 $\phi22$ 的导柱孔,2 个 $\phi10$ 的销孔,4 个 $\phi13$ 卸料螺钉过孔,4 个 $\phi11$、扩孔 $\phi17$、深 14 的螺钉沉头孔,该零件的建模可采用方案:草绘轮廓→拉伸轮廓→创建上平面三处下凹→创建压板台阶→创建各种类型孔→创建圆角。

相关知识

草绘、拉伸特征、孔、边倒圆等命令的应用。

任务实施

※STEP 1 绘制轮廓草图

(1)创建一个名为"下模座.prt"的新文件并进入建模模块。

(2)单击【直接草图】工具条中的【草图】按钮📇,进入 UG NX 10.0 草绘投影界面。在弹出的【创建草图】对话框中选择"XC－YC 平面",单击【确定】按钮,以 XC－YC 面为草图工作平面。

（3）绘制截面草图。绘制如图 3－54 所示的截面草图，完成草绘并退出草绘界面。

※STEP 2 创建轮廓拉伸特征

执行【菜单】|【插入】|【设计特征】|【拉伸】命令，或者单击【特征】工具条中的【拉伸】按钮，进入拉伸特征模式，系统弹出【拉伸】对话框，选择步骤 1 绘制的草图，设置开始距离为"0"，结束距离为"30"，单击【确定】按钮，完成下模座轮廓的创建，结果如图 3－55 所示。

图 3－54　截面草图（一）

图 3－55　创建下模座轮廓

※STEP 3 创建上平面三处下凹

（1）单击【直接草图】工具条中的【草图】按钮 📧，选择"XC－YC 平面"，单击【确定】按钮，进入草绘环境。

（2）切换到"静态线框"显示模式，利用"投影曲线"把图 3－56 中三条曲线投影到当前活动草绘中。利用这三条曲线绘制图 3－57 所示截面。

图 3－56　投影曲线

图 3－57　截面草图（二）

（3）利用（2）中相同方法，绘制图 3－62 所示截面。单击【确定】按钮，退出草绘环境。

（4）执行【菜单】|【插入】|【设计特征】|【拉伸】命令，或者单击【特征】工具条中的【拉伸】按钮，进入拉伸特征模式，系统弹出【拉伸】对话框，选择图 3－58 所示截面为拉伸截面，设置开始距离为"25"，结束距离为"30"，布尔运算为"求差"，单击【确定】按钮，完成下模座上平面三处下凹，结果如图 3－59 所示。

图 3-58 截面草图(三)　　　　　　图 3-59 创建上平面三处下凹

※STEP 4 创建压板台阶

(1) 单击【直接草图】工具条中的【草图】按钮 ，选择"XC-YC 平面"，单击【确定】按钮，进入草绘环境，绘制如图 3-60 所示草图截面。

(2) 单击【特征】工具条中的【拉伸】按钮，进入拉伸特征模式，系统弹出【拉伸】对话框，选择如图 3-60 所示截面为拉伸截面，设置开始距离为"25"，结束距离为"27"，布尔运算为"求和"，单击【确定】按钮，完成压板台阶的创建，结果如图 3-61 所示。

图 3-60 截面草图(四)　　　　　　图 3-61 创建压板台阶

※STEP 5 创建各种类型孔

(1) 单击【特征】工具条中的【孔】按钮，系统弹出【孔】对话框，在【位置】选项卡中单击【绘制截面】按钮，选择"XC-YC 平面"为草图绘制平面，绘制如图 3-62 所示的两个销孔中心点，单击【完成】按钮回到【孔】对话框，"孔方向"选择"垂直于面"，"形状"选择"简单孔"，"直径"输入"10"，"深度"输入"30"，单击【确定】按钮，完成销孔特征的创建，如图 3-63 所示。

(2) 重复以上步骤，创建其他孔。其中 4 个 $\phi13$ 卸料螺钉过孔与销孔创建方式相同；4 个 $\phi11$、扩孔 $\phi17$、深 14 的螺钉沉头孔成形形状应选"沉头孔"；2 个 $\phi22$ 的导柱孔与已创建的 R35 圆弧同心，可不用绘制草图，直接捕捉 R35 圆弧圆心即可，创建孔结果如图 3-64 所示。

图 3-62 销孔孔心位置

图 3-63 创建销孔

※STEP 6 创建圆角

单击【特征】工具条中的【边倒圆】按钮,弹出【边倒圆】对话框。分别选择图 3-65 所示的三组边,设置相关参数,完成圆角特征,结果如图 3-66 所示。

图 3-64 创建所有孔　　图 3-65 需要倒圆角的边　　图 3-66 创建边倒圆

任务总结

板类零件的建模通常先采用拉伸特征操作生成主体结构,再利用其他命令完成细节,实际上创建实体的方法很多,使用命令时可灵活把握,同时可利用阵列特征、镜像特征等操作提高作图效率。

▶ 任务 3-3　绘制外壳模型 ◀

任务描述

绘制如图 3-67 所示的外壳实体模型。

微课任务 3-3

图 3-67 外壳零件图

任务分析

外壳零件为常见塑料件,其外形为矩形,内部有突起的圆柱和筋板,为保证注塑成型后顺利脱模,侧壁上设置了 2°的脱模斜度。该零件的建模可采用方案:绘制外轮廓→倒圆角→拔模→抽壳→创建止口→创建内部圆柱和筋板。

相关知识

草绘、拉伸特征、拔模、边倒圆、抽壳、镜像特征等命令的应用。

任务实施

※STEP 1 绘制外轮廓

(1)创建一个名为"外壳.prt"的新文件并进入建模模式。

(2)单击【直接草图】工具条中的【草图】按钮 ⬚ ,进入 UG NX 10.0 草绘投影界面。在弹出的【创建草图】对话框中选择"XC-YC平面",单击【确定】按钮,即创建 XC-YC 面为草图工作平面。

(3)绘制截面草图。绘制如图 3-68 所示的截面草图。完成草绘并退出草绘界面。

(4)单击【特征】工具条中的【拉伸】按钮,进入拉伸特征模式,系统弹出【拉伸】对话框,选择图 3-68 所示的草图截面,矢量方向为"XC 轴",设置结束为"对称值",距离为"20",单击【确定】按钮,完成外壳外轮廓的创建,结果如图 3-69 所示。

图 3-68 截面草图(一)　　　　　　　　　图 3-69 创建外轮廓

※STEP 2 倒圆角

单击【特征】工具条中的【边倒圆】按钮,弹出【边倒圆】对话框。选择要倒圆的边,设置半径为"5",单击【确定】按钮,边倒圆结果如图 3-70 所示。

图 3-70 创建边倒圆特征

※STEP 3 拔模

执行【菜单】|【插入】|【细节特征】|【拔模】命令,弹出【拔模】对话框。选择类型为"从平面或曲面",设置"-Z"方向为拔模方向,固定面与要拔模的面如图 3-71 所示,角度为"2°",单击【确定】按钮,完成拔模操作。

※STEP 4 抽壳

执行【菜单】|【插入】|【偏置/缩放】|【抽壳】命令,弹出【抽壳】对话框。选择"40×40 平面"为移除面,厚度为"2.5",单击【确定】按钮,完成抽壳操作,结果如图 3-72 所示。

图 3-71 创建拔模特征　　　　　　图 3-72 创建抽壳特征

※STEP 5 创建止口

执行【菜单】|【插入】|【设计特征】|【拉伸】命令,或者单击【特征】工具条中的【拉伸】按钮,进入拉伸特征模式,弹出【拉伸】对话框,选择平面内侧的所有边作为拉抻截面,"－Z"方向为拉伸方向,开始距离"0",结束距离"1.3",偏置类型"单侧",偏置结束"1.3",布尔运算为"求差",单击【确定】按钮,完成止口的创建,结果如图 3－73 所示。

拉伸截面

图 3－73 创建止口

※STEP 6 创建内部圆柱和筋板

(1) 单击【直接草图】工具条中的【草图】按钮 ,在弹出的【创建草图】对话框中选择图 3－74(a)所示 40×40 平面为草绘平面,单击【确定】按钮,进入草绘环境,绘制如图 3－74(b)所示截面。

(2) 单击【特征】工具条中的【拉伸】按钮,在弹出的【拉伸】对话框中选择上一步草绘的两个 φ2.5 圆为拉抻截面,"－Z"方向为拉伸方向,"开始"距离设为"2.5","结束"距离设为"直至下一个",布尔运算为"求和",单击【确定】按钮,完成圆柱的创建,结果如图 3－74(c)所示。

草绘平面

φ2.5

12.5

(a) 草绘平面   (b) 截面草图(二)   (c) 创建结果

图 3－74 创建圆柱特征

(3) 同样利用草绘后拉伸的方法,创建筋板,过程不再详述。筋板创建结果如图 3－75 所示。

(4) 执行【菜单】|【插入】|【细节特征】|【边倒圆】命令,或单击【特征】工具条中的【边倒圆】按钮,弹出【边倒圆】对话框。选择圆柱上要倒圆的边,设置半径为"1",单击【应用】按钮,选择筋板上要倒圆的边,设置半径为"0.6",单击【确定】按钮,完成倒圆操作,结果如图 3－76所示。

图 3 - 75　创建筋板　　　　　　图 3 - 76　倒圆

任务总结

　　壳类零件的建模通常先生成实体结构,再利用抽壳命令形成腔体。塑料件上通常要设置拔模斜度。

 习　题

项目习题

项目 4

曲面建模

项目素材

知识目标

（1）了解曲面的基本概念及分类。

（2）理解曲面建模的基本思路。

（3）掌握常用曲面的创建方法，包括直纹面、通过曲线组、通过曲线网格、N 边曲面等命令的操作方法。

（4）掌握曲面编辑功能。

技能目标

能够选择合适的曲面构建方法完成一般复杂程度的曲面零件的创建，能完成曲面的编辑。

项目描述

本项目先介绍常用曲面构建方法的操作，再以两个典型曲面零件建模案例为载体，介绍 UG NX 10.0 的曲面造型功能的应用。通过本项目的学习可以掌握 UG NX 10.0 的常用曲面建模的操作方法与技巧。

相关知识

4.1 曲面基础知识

4.1.1 曲面概述

设计产品时，只用实体特征建立模型是远远不够的，对于复杂的产品，通常要用曲面特征来建立其轮廓和外形或将几个曲面缝合成一个实体。UG NX 10.0 的曲面造型功能设计出各种复杂的形状。曲面（UG 中称为片体）造型用于构造用特征建模方法无法创建的复杂形状，它既能生成曲面，又能生成实体。

4.1.2 曲面构造方法

一般来讲，对于简单的曲面可以一次完成建模。而实际产品的形状往往比较复杂，一般难以一次完成。对于复杂的曲面，首先应该采用曲线构造的方法生成主要或大面积的片体，然后进行曲面的过渡连接、光顺处理、曲面的编辑等完成整体造型。

构造曲面的方式大致可分为以下三种：

（1）点构造曲面。依据点创建曲面的方法主要有：通过点、从极点、拟合曲面和四点曲面等。点构造曲面(通过点/从极点/由点云)是非参数化的,生成的曲面与原始构造点不关联,当编辑构造点后,曲面不会产生关联性的更新变化。

(2) 曲线构造曲面。其典型方法包括直纹、通过曲线组、通过曲线网格、扫掠、剖切曲面、桥接、N 边曲面和过渡。

(3) 基于已有曲面构造新曲面。其典型方法有延伸、规律延伸、轮廓线弯边、偏置曲面、大致偏置、熔合、按曲面整体变形、修剪片体、修剪与延伸、条带构建器、补片开口、中位面和外来的等。

4.1.3 曲面建模的基本思路

(1) 构造曲面时最好使用参数化的方法(曲线构造曲面和基于已有曲面构造新曲面)来构建。

(2) 线组成了面,面组成了体,因此曲面造型的基础是曲线的构造,高质量的曲线才能构成高质量的曲面。高质量的曲线至少是无尖角、重叠、交叉、断点等,曲线很顺畅。

(3) 边界曲线应尽可能简单,曲线阶次应小于等于 3(阶次是一个数学概念,是定义自由形状特征的多项式方程最高次数,UG NX 10.0 用同样的概念定义曲面,每个由面包含 U、V 两个方向的阶次,它们必须在 2～24,阶次越高,系统运算的速度越慢),曲率半径应尽可能大,否则会造成加工困难。

(4) 编辑曲面时尽量使用编辑特征参数的操作,而不用编辑曲面操作中的方法,若必须使用编辑曲面操作中的方法,建议采用编辑复制体的方法。尽可能用实体修剪、抽壳的方法建模。

(5) 面之间的倒圆过渡应尽可能在实体上进行。

4.2 初识曲面工具

在 UG NX 10.0 的建模模块中提供了一个【曲面】选项卡,如图 4-1 所示,该选项卡包含【曲面】工具条、【曲面工序】工具条以及【编辑曲面】工具条。另外在 UG NX 10.0 的建模模块中也提供了一个【曲线】选项卡,如图 4-2 所示,该选项卡包含【直接草图】工具条、【曲线】工具条、【派生曲线】工具条以及【编辑曲线】工具条。初学者在学习曲面建模实用知识之前应先大致了解【曲面】和【曲线】选项卡的各个工具条中提供了哪些命令。

图 4-1 【曲面】选项卡

图 4-2 【曲线】选项卡

下面利用具体实例介绍常用的曲面造型的方法及操作。

4.3　由点构造曲面

4.3.1　四点曲面

打开项目素材中的"四点曲面.prt",创建"四点曲面"的步骤如下。

执行【菜单】|【插入】|【曲面】|【四点曲面】命令,在绘图区依次选取点 1～点 4,单击【确定】按钮,完成四点曲面的创建,结果如图 4-3 所示。

图 4-3　创建四点曲面

4.3.2　整体突变

打开项目素材中的"整体突变.prt",创建"整体突变"曲面的步骤如下。

（1）执行【菜单】|【插入】|【曲面】|【整体突变】命令,在绘图区选取两个点,创建一个矩形,如图 4-4(a)所示。

（2）在【整体突变形状控制】对话框中拖动相应选项的滑板,如图 4-4(b)所示,曲面形状会发生改变,创建结果如图 4-4(c)所示。

(a) 选择两个点　　　　　　(b)调整滑板位置　　　　　　(c) 创建结果

图 4-4　创建整体突变曲面

4.3.3　通过点

打开项目素材中的"通过点.prt",创建"通过点"曲面的步骤如下。

（1）执行【菜单】|【插入】|【曲面】|【通过点】命令,弹出【通过点】对话框,选择【补片类型】为"多个",【沿以下方向封闭】为"两者皆否",【行阶次】和【列阶次】均为"3",单击【确定】按钮。

（2）在弹出的【过点】对话框中单击【全部成链】按钮。

（3）在绘图区选择第一列的起点和终点,如图 4-5(a)所示。

（4）依次选择第二列～第四列的起点和终点。

（5）在弹出的【过点】对话框中单击【所有指定的点】按钮。

（6）在【通过点】对话框中单击【确定】按钮，完成通过点曲面的创建，结果如图 4-5(b)所示。

　　(a) 选择第一列的起点和终点　　　　　　(b) 创建结果

图 4-5　创建通过点曲面

4.3.4　从极点

微课 4.3.4

打开项目素材中的"从极点.prt"（此文件内容与"通过点"创建曲面的素材是一样的，读者可以从结果中体会两种创建曲面方法的不同），创建"从极点"曲面的步骤如下。

（1）执行【菜单】|【插入】|【曲面】|【从极点】命令，弹出【从极点】对话框，选择【补片类型】为"多个"，【沿以下方向封闭】为"两者皆否"，【行阶次】和【列阶次】均为"3"，单击【确定】按钮。

（2）在绘图区依次选择第一列的每个点，单击鼠标中键结束第一列的选择，如图 4-6(a) 所示。

（3）在弹出的【指定点】对话框中单击【是】按钮。

（4）重复步骤（2）和（3），依次选择第二列、第三列、第四列。

（5）单击【指定点】对话框中的【确定】按钮。

（6）在【从极点】对话框中单击【所有指定点】按钮，关闭【从极点】对话框，完成从极点曲面的创建，结果如图 4-6(b)所示。

　　(a) 依次选择第一列的每个点　　　　　　(b) 创建结果

图 4-6　创建从极点曲面

4.4　由曲线构造曲面

由曲线构造曲面应用较多，也比较直观，创建曲线的好坏通常会直接或间接地影响到曲面的质量和形状。

4.4.1　直纹面

微课 4.4.1

直纹面是通过两条截面线串而生成的曲面。截面线串可以由一个对象或多个对象组成，并且每个对象既可以是曲线、实体边、也可以是实体面。

打开项目素材中的"直纹面.prt",创建"直纹面"的步骤如下。

（1）执行【菜单】|【插入】|【网格曲面】|【直纹】命令,弹出【直纹】对话框。

（2）在绘图区选取"圆"为"截面线串 1",单击鼠标中键。

（3）选取"波浪线"为"截面线串 2",调整两个截面线串的箭头方向,对预览结果满意后,单击【确定】按钮,完成直纹面的创建,结果如图 4-7 所示。

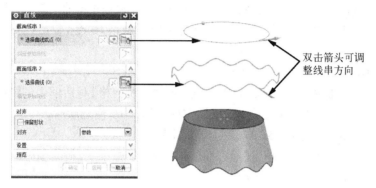

图 4-7 创建直纹面曲面

4.4.2 通过曲线组

微课 4.4.2

此方法是通过多条截面线创建片体。

打开项目素材中的"通过曲线组.prt",创建"通过曲线组"曲面的步骤如下。

（1）执行【菜单】|【插入】|【网格曲面】|【通过曲面组】命令,弹出【通过曲线组】对话框。

（2）在绘图区选取"曲线 1",单击鼠标中键。

（3）继续选取曲线 2、曲线 3、曲线 4,每选取一条曲线后,单击鼠标中键。选取的曲线可在【通过曲线组】对话框的【列表】中查看,还可以进行删除和重新排序等操作。

（4）单击【通过曲线组】对话框中的【确定】按钮,完成通过曲线组曲面的创建,结果如图 4-8 所示。

图 4-8 创建通过曲线组曲面

4.4.3　通过曲线网格

微课 4.4.3

此方法是通过一个方向的截面网格和另一个方向的引导线创建片体或实体。同一个方向的截面网格（截面线串）通常被称为主线串，而另一个方向的引导线通常被称为交叉线串。

打开项目素材中的"通过曲线网格.prt"，创建"通过曲线网格"曲面的步骤如下。

（1）执行【菜单】|【插入】|【网格曲面】|【通过曲面网格】命令，弹出【通过曲线网格】对话框。

（2）在绘图区选取"主曲线 1"，单击鼠标中键。

（3）继续选取主曲线 2，双击鼠标中键，将【通过曲线网格】对话框中的【交叉曲线】面板中的【选择曲线】激活。也可以通过单击鼠标左键选择该项，使之激活。

（4）在绘图区选取"交叉曲线 1"，单击鼠标中键。

（5）继续选取交叉曲线 2，单击【通过曲线网格】对话框中的【确定】按钮，完成通过曲线网格曲面的创建，结果如图 4-9 所示。

图 4-9　创建通过曲线网格曲面

4.4.4　N 边曲面

微课 4.4.4

此方法是通过一组端点相连的封闭曲线创建曲面，在创建过程中可以进行形状控制等设置。

打开项目素材中的"N 边曲面.prt"，创建"N 边曲面"的步骤如下。

（1）执行【菜单】|【插入】|【网格曲面】|【N 边曲面】命令，弹出【N 边曲面】对话框，按图 4-10 设置各参数。

（2）在绘图区分别选择四条曲线。

（3）单击【N 边曲面】对话框中的【确定】按钮，完成 N 边曲面的创建，结果如图 4-10 所示。

图 4 - 10　创建 N 边曲面

4.4.5　扫掠曲面

此方法是通过将曲线轮廓沿一条、两条或三条引导线串且穿过空间中的一条路径进行扫掠来创建曲面。

打开项目素材中的"扫掠曲面.prt",创建"扫掠"曲面的步骤如下。

(1) 执行【菜单】|【插入】|【扫掠】|【扫掠】命令,弹出【扫掠】对话框。

(2) 在绘图区选取"截面曲线",双击鼠标中键。将【扫掠】对话框中的【引导线】面板中的【选择曲线】激活。也可以通过单击鼠标左键选择该项,使之激活。

(3) 在绘图区选取"引导线",单击【扫掠】对话框中的【确定】按钮,完成扫掠曲面的创建,结果如图 4 - 11 所示。

微课 4.4.5

图 4 - 11　创建扫掠曲面

4.5　由曲面构造曲面

由曲面构造曲面的典型方法有桥接曲面、规律延伸、修剪片体、偏置曲面、延伸曲面、过渡曲面等。

4.5.1　桥接曲面

桥接曲面命令功能是在两个主曲面之间构造一个新曲面。

打开项目素材中的"桥接曲面.prt",创建"桥接曲面"的步骤如下。

(1) 执行【菜单】|【插入】|【细节特征】|【桥接】命令,弹出【桥接曲面】对话框。

(2) 在绘图区选取分别选取"边 1"和"边 2",通过反向箭头按钮 ⊠,调整方向,"连续性"选择"G1(相切)"。

微课 4.5.1

图 4-12　创建桥接曲面

(3) 对预览结果满意后，单击【确定】按钮，完成桥接曲面的创建，结果如图 4-12 所示。

4.5.2　规律延伸

规律延伸命令功能可以动态地或根据距离和角度规律为现有的基本片体创建规律控制的延伸。距离（长度）和角度规律既可以是恒定的，也可以是线性的，还可以是其他规律的。

打开项目素材中的"规律延伸.prt"，创建"桥接曲面"的步骤如下。

微课 4.5.2

(1) 执行【菜单】|【插入】|【弯边曲面】|【规律延伸】命令，弹出【规律延伸】对话框。

(2)【类型】设为"矢量"，在绘图区选取"曲线 1"作为【基本轮廓】，【参考矢量】设为"XC 轴"，【长度规律】|【规律类型】设为"恒定"，【长度规律】|【值】输入"20"，【角度规律】|【规律类型】设为"恒定"，【角度规律】|【值】输入"45"。

(3) 单击【确定】按钮，完成规律延伸曲面的创建，结果如图 4-13 所示。

图 4-13　创建规律延伸曲面

4.5.3　延伸曲面

延伸曲面命令功能可以从基本片体创建延伸片体。

打开项目素材中的"延伸曲面.prt"，此文件内容与"规律延伸"创建曲面的素材是一样的，读者可以从结果中体会两种创建曲面方法的不同。创建"延伸曲面"的步骤如下。

微课 4.5.3

（1）执行【菜单】|【插入】|【弯边曲面】|【延伸】命令，弹出【延伸曲面】对话框。

（2）【类型】设为"边"，在绘图区靠近"曲线 1"的片体上单击，则选中"曲线 1"作为【要延伸的边】，【延伸】|【方法】设为"相切"，【延伸】|【距离】设为"按长度"，【延伸】|【长度】输入"20"。

（3）单击【确定】按钮，完成延伸曲面的创建，结果如图 4-14 所示。

图 4-14　创建延伸曲面

4.5.4　过渡曲面

微课 4.5.4

过渡曲面命令功能可以在两个或多个截面形状之间创建过渡体。

打开项目素材中的"过渡曲面.prt"，创建"过渡曲面"的步骤如下。

（1）执行【菜单】|【插入】|【曲面】|【过渡】命令，弹出【过渡】对话框。

（2）在绘图区选择"曲线 1"，单击中键，再选择"曲线 2"。

（3）在【过渡】对话框中设置【形状控制】和【连续性】内容，在【设置】选项组中勾选"创建曲面"复选框，调整滑板位置至理想状态。

（4）单击【确定】按钮，完成过渡曲面的创建，结果如图 4-15 所示。

图 4-15　创建过渡曲面

4.5.5　偏置曲面

微课 4.5.5

偏置曲面命令功能可以通过偏置一组面创建体，偏置的距离可以是固定的数值，也可以是一个可以变化的值。

打开项目素材中的"偏置曲面.prt",创建"偏置曲面"的步骤如下。

（1）执行【菜单】|【插入】|【偏置/缩放】|【偏置曲面】,弹出【偏置曲面】对话框。

（2）在绘图区选择要偏置的面。

（3）在【偏置 1】文本框中输入距离"20",通过反向按钮调整偏置方向至理想状态。

（4）单击【确定】按钮,完成为偏置曲面的创建,结果如图 4-16 所示。

图 4-16　创建偏置曲面

4.5.6　修剪片体

修剪片体命令是用曲线、面或基准平面修剪片体的一部分。

打开项目素材中的"修剪片体.prt",创建"偏置曲面"的步骤如下。

微课 4.5.6

（1）执行【菜单】|【插入】|【修剪】|【修剪片体】,弹出【修剪片体】对话框。

（2）在绘图区选择要修剪的片体和边界曲线。

（3）设置【投影方向】为"垂直于面",勾选【选择区域】选项组中的"保留"。

（4）单击【确定】按钮,完成为修剪片体的创建,结果如图 4-17 所示。

图 4-17　创建修剪片体

4.5.7　修剪和延伸

修剪和延伸命令用于修剪或延伸一组边或面以与另一组边或面相交。使用该命令,可能令曲面延伸后和原来的曲面形成一个整体,相当于原来曲面的

微课 4.5.7

大小发生了变化,而不是另外单独生成一个曲面。当然也可以设置作为新面延伸,而保留原有的面。

打开项目素材中的"修剪和延伸.prt",创建"修剪和延伸"曲面的步骤如下。

(1) 执行【菜单】|【插入】|【修剪】|【修剪与延伸】,弹出【修剪和延伸】对话框。

(2) 设置【修剪和延伸类型】为"直至选定",选择该类型选项时,需要分别指定目标对象和工具对象,系统将目标边界延伸到用户指定的对象处,通常将要延伸到的对象称为"工具对象"。

(3) 在绘图区选择"目标边"和"工具对象"。

(4) 在【设置】选择组中,设置【曲面延伸形状】为"自然曲率",【体输出】为"延伸原片体"。

(5) 单击【确定】按钮,完成修剪和延伸曲面的创建,结果如图 4-18 所示。

如果选择【修剪和延伸类型】为"制作拐角",则需要分别指定目标对象和工具对象(注意工具方向)等,系统将目标边界延伸到用户指定的对象处形成拐角,而位于拐角线指定一侧的刀具曲面则被修剪掉。注意箭头侧需要的结果是"保持"还是"删除"。用"制作拐角"方式创建的修剪和延伸曲面如图 4-19 所示。

图 4-18 创建修剪和延伸曲面(一)　　　　图 4-19 创建修剪和延伸曲面(二)

任务 4-1 花瓶三维建模

任务描述

完成如图 4-20 所示的花瓶三维建模。

任务分析

微课任务 4-1

先利用通过曲线组命令生成花瓶的瓶身部分(三个空间圆组成的曲线组)和瓶口部分(一个空间圆和一条规律曲线组成的曲线组),再利用面倒圆和片体加厚以及边倒圆完成最终的造型。

相关知识

用表达式生成曲线;空间曲线的创建;通过曲线组生成曲面;曲面加厚成实体;面倒圆;边倒圆等。

任务实施

※STEP 1 进入建模模块

新建一个名为"花瓶.prt"的文件,并进入建模模块。

图 4-20 花瓶

※STEP 2 创建花瓶瓶身部分

(1) 执行【菜单】|【插入】|【曲线】|【基本曲线】命令,打开【基本曲线】对话框,单击其中的【圆】按钮 ◯ ,在【点方法】选项组中单击【点构造器】按钮 ↥ ,在弹出【点】对话框中输入圆心坐标为(0,0,0),单击【确定】按钮,再输入圆上一点(35,0,0),单击【确定】按钮,完成第一个圆的创建,生成的曲线如图 4-21 所示。

(2) 继续在【点】对话框中输入第二个圆的圆心坐标为(0,0,100),单击【确定】按钮,再输入圆上一点(75,0,100),单击【确定】按钮,完成第二个圆的创建。

(3) 继续在【点】对话框中输入第三个圆的圆心坐标为(0,0,180),单击【确定】按钮,再输入圆上一点(30,0,180),单击【确定】按钮,完成第三个圆的创建。关闭【点】对话框。创建的空间曲线如图 4-22 所示。

(4) 执行【菜单】|【插入】|【网格曲面】|【通过曲线组】命令,或者单击【曲面】工具条中【通过曲线组】按钮 ▥ ,打开【通过曲线组】对话框,依次选取如图 4-23 所示的三条空间曲线,每选一条曲线后,单击中键。在【设置】选项组的【体类型】中选择"片体",单击【确定】按钮,完成瓶身曲面的创建,结果如图 4-23 所示。

图 4-21 生成的曲线(一)

图 4-22 生成的曲线(二)

图 4-23 瓶身曲面

※STEP 3 创建花瓶瓶口部分

(1) 执行【菜单】|【工具】|【表达式】命令,创建表达式,输入【名称】为"t",【公式】为"1",单击 ☑ 按钮。

(2) 重复(1)步骤,依次输入【名称】为"xt",【公式】为"60 * cos(t * 360)";【名称】为"yt",【公式】为"60 * sin(t * 360)";【名称】为"zt",【公式】为"210-5 * sin(t * 360 * 8)",如图 4-24 所示。单击【确定】按钮。

图 4 - 24　【表达式】对话框

(3)执行【菜单】|【插入】|【曲线】|【规律曲线】命令单击【曲线】中的【规律曲线】按钮 ，弹出【规律曲线】对话框，单击【确定】按钮，生成的曲线如图 4 - 25 所示。

图 4 - 25　创建规律曲线

图 4 - 26　瓶口曲面

图 4 - 27　【面倒圆】对话框

(4) 执行【菜单】|【插入】|【网格曲面】|【通过曲线组】命令，或者单击【曲面】工具条中【通过曲线组】按钮 ，打开【通过曲线组】对话框，选取图 4 - 25 所示规律曲线，单击中键，再选择瓶身最上部的圆，单击【确定】按钮，完成瓶口曲面的创建，结果如图 4 - 26 所示。

(5) 执行【菜单】|【插入】|【组合】|【缝合】命令，或者单击【曲面工序】工具条中【缝合】按钮 ，分别选择瓶身和瓶口部分的曲线作为"目标体"和"工具体"，单击【确定】按钮，将两个曲面缝合。

※STEP 4 创建面倒圆

(1) 执行【菜单】|【插入】|【细节特征】|【面倒圆】命令，或者单击【曲面】工具条中【面倒圆】按钮 ，打开【面倒圆】对话框，分别选取瓶口曲面和瓶身曲面作为"面链 1"和"面链 2"，瓶身曲面和瓶口曲面的交线作为"脊线"，【横截面】各项设置如图 4 - 27 所

示,单击【确定】按钮,完成面倒圆操作,结果如图 4 - 28 所示。

（2）执行【菜单】|【插入】|【网格曲面】|【N 边曲面】命令,打开【N 边曲面】对话框,选取瓶身底部曲线作为"外环",单击【确定】按钮,完成 N 边曲面的创建,结果如图 4 - 29 所示。

图 4 - 28　面倒圆(一)　　　　　　　　　　　　　　　　　图 4 - 29　N 边曲面

（3）执行【菜单】|【插入】|【组合】|【缝合】命令,或者单击【曲面工序】工具条中【缝合】按钮 ▥,分别选择上步创建的 N 边曲面和已缝合的瓶身曲线作为"目标体"和"工具体",单击【确定】按钮,将两个曲面缝合。

（4）参考步骤(1)完成底部和瓶身交接处的面倒圆操作,半径为"10",结果如图 4 - 30 所示。

※STEP 5 加厚曲面

执行【菜单】|【插入】|【偏置/缩放】|【加厚】命令,或者单击【曲面工序】工具条中【加厚】按钮 ▧,打开【加厚】对话框,选择缝合后的所用曲面,在【厚度】选项组的【偏置 1】中输入"3",单击【确定】按钮,加厚的效果如图 4 - 31 所示。

※STEP 6 倒圆角

执行【菜单】|【插入】|【细节特征】|【边倒圆】命令,或者单击【曲面】工具条中【边倒圆】按钮 ▨,打开【边倒圆】对话框,输入半径为"1",选择瓶口处两条线,单击【确定】按钮,倒圆角的效果如图 4 - 32 所示。

图 4 - 30　面倒圆(二)　　　　　图 4 - 31　加厚　　　　　图 4 - 32　边倒圆

※STEP 7 修整视图

隐藏不必要显示的对象,最终效果如图 4 - 20 所示。

【任务总结】

利用表达式生成曲线,再利用通过曲线组特征生成曲面,曲面加厚可生成实体。

任务 4 - 2　三通管三维建模

微课任务 4 - 2

【任务描述】

完成如图 4 - 33 所示的三通管三维建模。

【任务分析】

　　先利用扫掠的方法生成三通管的口部曲线,再利用通过曲线网格命令生成交接处的曲面并对曲面进行修改和编辑,以使曲面光滑、平顺,由于该产品是轴对称图形,造型时可利用镜像特征,提高效率。

图 4 - 33　三通管

【相关知识】

　　空间曲线;扫掠曲面;通过网格曲线;修剪片体;缝合片体;镜像几何体;加厚等。

【任务实施】

※STEP 1 进入建模模块

新建一个名为"三通管.prt"的文件,并进入建模模块。

※STEP 2 创建曲线

(1) 单击【主页】选项卡下【直接草图】工具条中的【草图】按钮 ,选择"XC - YC 平面"作为草绘平面,单击【确定】按钮,进入草绘界面。

(2) 绘制如图 4 - 34 所示的草图,单击【完成草图】按钮 ,退出草绘环境。

图 4 - 34　草图

　　(3) 执行【菜单】|【插入】|【曲线】|【直线】命令,在弹出的【直线】对话框中单击【起点】面板中的【点对话框】按钮 ,在弹出的【点】对话框中输入起点坐标为(0,0,0),单击【确定】按钮,在【直线】对话框中单击【终点或方向】面板中的【点对话框】按钮 ,在弹出的【点】对话框中输入终点坐标为(0,0,15),单击【确定】按钮,创建直线 1。

　　(4) 执行【菜单】|【插入】|【曲线】|【直线】命令,在绘图区捕捉图 4 - 36 所示直线的中点为起点,【方向】选择"ZC 轴",【长度】选择"10",单击【确定】按钮,创建直线 2,结果如图 4 - 35 所示。

　　(5) 执行【菜单】|【插入】|【曲线】|【圆弧/圆】命令,打开【圆弧/圆】对话框,利用"三点画圆弧"方式,创建两条圆弧,结果如图 4 - 36 所示。

图 4-35 创建直线　　　　　　　图 4-36 创建圆弧

※STEP 3 创建扫掠曲面

（1）执行【菜单】|【插入】|【扫掠】|【扫掠】命令，"截面线"与"引导线"如图 4-37(a)所示选择，单击【确定】按钮，生成的扫掠曲面如图 4-37(b)所示。

(a)"截面线"与"引导线"　　　　(b)扫掠结果

图 4-37 创建扫掠曲面(一)

（2）重复创建扫掠曲面，"截面线"与"引导线"如图 4-38(a)所示选择，生成的扫掠曲面如图 4-38(b)所示。

(a)"截面线"与"引导线"　　　　(b)扫掠结果

图 4-38 创建扫掠曲面(二)

※STEP 4 创建通过曲线网格的曲面

（1）执行【菜单】|【插入】|【派生曲线】|【相交】命令，弹出【相交曲线】对话框，选择如图 4-39(a)所示的曲面作为"第一组"面，"YC-ZC 平面"作为"第二组"面，单击【应用】按钮，完成第 1 条相交曲线的创建，结果如图 4-39(b)所示。

(a)"第一组"面　　　　(b)相交曲线

图 4-39 创建相交曲线(一)

(2) 继续选择图 4 - 40(a)所示的曲面作为"第一组"面,选择【第二组】|【指定平面】的类型为"点和方向",捕捉如图 4 - 40(a)所示的圆弧中点为"点",接受系统默认生成的平面为"第二组"面,单击【确定】按钮,完成第 2 条相交曲线的创建,结果如图 4 - 40(b)所示。

第一组面

(a)"第一组"面　　　　(b)相交曲线

图 4 - 40　创建相交曲线(二)

(3)执行【菜单】|【插入】|【派生曲线】|【桥接】命令,分别选择生成的两条相交曲线为【起始对象】和【终止对象】,如图 4 - 41 所示,创建桥接曲线。

(4) 执行【菜单】|【插入】|【设计特征】|【拉伸】命令,选择如图 4 - 42(a)所示的两条曲线为【截面】线,【方向】选择"－ZC 轴",【体类型】选择"片体",【距离】输入"5",单击【确定】按钮,创建拉伸片体如图 4 - 42(b)所示。

截面线

(a)截面线　　　　　(b)拉伸片体

图 4 - 41　创建桥接曲线　　　　**图 4 - 42　创建拉伸片体**

(5) 执行【菜单】|【插入】|【网格曲面】|【通过曲线网格】命令,主曲线和交叉曲线的选择按图 4 - 43(a)所示,设置【连续性】:"第一主线串""最后主线串""最后交叉线串"均为"相切","第一交叉线串"为"位置",单击【确定】按钮,创建通过曲线网格曲面,如图 4 - 43(b)所示。

第一主线串　　第一交叉线串

相切面　　　　　　　　　相切面

最后交叉线串　相切面　最后主线串

(a)线串及相切面设置　　(b)通过曲线网络曲面

图 4 - 43　创建通过曲线网格曲面

提示

如果选择的曲线是整条曲线,可以单击"上边框条"中的【在相交处停止】按钮⊞,再去选择曲线。

（6）执行【菜单】|【插入】|【曲线】|【直线】命令，在绘图区分别捕捉图 4-44（a）所示的两点作为直线的起点和终点，单击【确定】按钮，创建直线，结果如图 4-44（b）所示。

（a）直线起点与终点   （b）直线

图 4-44　创建直线

（7）执行【菜单】|【插入】|【派生曲线】|【投影】命令，【要投影的曲线或点】选择上一步创建的直线，【要投影的对象】选择如图 4-45（a）所示的两个曲面，【投影方向】选择"沿矢量"，【在指定矢量】选项组中选择"ZC 轴"，【投影选项】选择"投影两侧"，单击【确定】按钮，创建两条投影曲线，结果如图 4-45（b）所示。

（8）执行【菜单】|【插入】|【派生曲线】|【桥接】命令，选择上一步生成的两条相交曲线为【起始对象】和【终止对象】，如图 4-46 所示，创建桥接曲线。

（a）投影设置   （b）投影曲线

图 4-45　创建投影曲线   图 4-46　创建桥接曲线

（9）执行【菜单】|【插入】|【网格曲面】|【通过曲线网格】命令，主曲线和交叉曲线的选择按图 4-47（a）所示，设置【连续性】："第一主线串""最后主线串""最后交叉线串"均为"相切"，"第一交叉线串"为"位置"，单击【确定】按钮，创建通过曲线网格曲面如图 4-47（b）所示。

（a）线串及相切面设置   （b）通过曲线网格曲面

图 4-47　创建通过曲线网格曲面

（10）执行【菜单】|【插入】|【组合】|【缝合】命令，将如图 4-48 所示的三个片体缝合。

（11）执行【菜单】|【插入】|【基准/点】|【基准平面】命令，【类型】选择"按某一距离"，【平面参考】选择"YC-ZC 平面"，【偏置】距离输入"8"，【方向】选择"XC 轴"，单击【确定】按钮，创建的基准平面如图 4-49 所示。

图4-48 缝合片体

图4-49 创建基准平面

(12) 执行【菜单】|【插入】|【修剪】|【修剪片体】命令,选择缝合后的片体作为【目标】片体,选择创建的基准平面作为【边界】对象,将"保留"区域调整到理想状态,如图4-50(a)所示,单击【确定】按钮,完成修剪片体操作,结果如图4-50(b)所示。

(13) 执行【菜单】|【插入】|【关联复制】|【镜像几何体】命令,选择修剪后的片体作为【要镜像的几何体】,选择"YC-ZC平面"作为【镜像平面】,单击【确定】按钮,完成镜像几何体操作,结果如图4-51所示。

(a) 修剪片体设置   (b) 修剪片体

图4-50 创建修剪片体

图4-51 镜像几何体

(14) 执行【菜单】|【插入】|【网格曲面】|【通过曲线网格】命令,主曲线和交叉曲线的选择按图4-52(a)所示,"第一主线串""最后主线串""第一交叉线串""最后交叉线串"均为"相切",单击【确定】按钮,创建通过曲线网格曲面如图4-52(b)所示。

(a) 线串及相切面设置   (b) 通过曲线网格曲面

图4-52 创建通过曲线网格曲面

(15) 隐藏图4-53所示的两处拉伸片体,执行【菜单】|【插入】|【关联复制】|【镜像几何体】命令,选择显示的所有片体作为【要镜像的几何体】,选择"XC-YC平面"作为【镜像平面】,单击【确定】按钮,完成镜像几何体操作,结果如图4-54所示。

（16）执行【菜单】|【插入】|【组合】|【缝合】命令，将图 4-54 所示的所有片体缝合。

※STEP 5 加厚曲面生成体

执行【菜单】|【插入】|【偏置/缩放】|【加厚】命令，打开【加厚】对话框，选择缝合后的所有曲面，在【厚度】选项组的【偏置 1】中输入"2"，单击【确定】按钮，加厚的效果如图 4-55 所示。

需要隐藏
的片体

图 4-53　隐藏片体　　　　图 4-54　镜像几何体　　　　图 4-55　加厚

※STEP 6 修整视图

隐藏不必要显示的对象，最终的效果如图 4-33 所示。

任务总结

本案例运用了通过曲线网格特征、镜像特征、曲面编辑等方法完成三通管的设计。实际上，很多曲面造型可以使用不同的方法来完成，这些需要用户在平时的设计工作和练习中好好把握和不断总结经验，以提高设计效率。

 习　题

项目习题

项目 5

项目素材

钣金建模

知识目标

(1) 熟悉 UG NX 10.0 钣金模块的基本操作。

(2) 掌握弯边、凹坑等常用钣金命令的操作。

(3) 掌握钣金件展开的方法。

技能目标

能选用合适的操作命令,完成中等复杂程度的冲压件建模,能进行钣金件的展开操作,利用软件求解钣金的展开尺寸。

项目描述

本项目先通过一个实例介绍常用的钣金造型的功能和用法,以及钣金造型的一般过程,再以两个典型钣金零件建模案例为载体,介绍 UG NX 10.0 的钣金造型功能的应用。通过本项目的学习可以掌握 UG NX 10.0 的钣金模块操作方法与技巧。

相关知识

钣金零件是产品结构件的主框架,在产品设计中是很重要的结构件,UG NX 10.0 中的钣金模块具有强大的钣金设计功能,而且操作简单、操作界面人性化,用户可轻松地设计出各种需要的钣金零件。钣金模块与其他模块可以相互转换,使设计工作更加方便快捷。

5.1 钣金环境预设置

启动 UG NX 10.0,新建一个部件文件,系统进入基本环境界面。单击功能区的【应用模块】标签,切换到【应用模块】选项卡,如图 5-1 所示。接着在选项卡的【设计】面板中单击选中【钣金】按钮，便快速切换到【钣金】应用模块。

微课 5.1

图 5-1 功能区的【应用模块】选项卡

或者单击 UG NX 10.0 初始界面的标准工具条中的【新建】按钮 ，系统弹出【新建】对话框,选择【模型】选项卡,在此选项卡中【模板】选"NX 钣金",【单位】选"毫米",输入新文件名称,选择存放的文件夹,单击【确定】按钮,就可以进入【钣金】应用模块。

在钣金零件设计之前预先对钣金设计过程中需要设置的参数进行设置,这样做可以减少对参数的重复设置,从而提高设计效率。

执行【菜单】|【首选项】|【钣金】命令,弹出【钣金首选项】对话框,如图 5-2 所示,在对话框中有【部件属性】【展平图样处理】【展平图样显示】【钣金验证】【标注配置】5 个选项卡。选项卡各选项的说明如下。

图 5-2 【钣金首选项】对话框

(1)【部件属性】:用来设定钣金零件全局参数和折弯定义方法。

①【参数输入】:用于确定钣金折弯的定义方式

a. 数值输入:可直接以数值的方式在【折弯定义方法】区域中输入钣金折弯参数。

b. 材料选择:可单击右侧的【选择材料】按钮,系统弹出【选择材料】对话框,可在该对话框中选择一种材料来定义钣金折弯参数。

c. 刀具 ID 选择:可单击右侧的【选择刀具】按钮,系统弹出【NX 钣金工具标准】对话框,可在该对话框中选择钣金标准工具,以定义钣金的折弯参数。

②【全局参数】

a. 材料厚度:在该文本框中可以输入数值以定义钣金件的全局厚度。

b. 折弯半径:在该文本框中可以输入数值以定义钣金件在折弯时默认的弯曲半径值。

c. 让位槽深度:在该文本框中可以输入数值以定义钣金件默认的让位槽深度。

d. 让位槽宽度:在该文本框中可以输入数值以定义钣金件默认的让位槽宽度。

e. 顶面颜色:单击其后的颜色选择区域,系统弹出【颜色】对话框,可在该对话框中选择一种颜色来定义钣金件顶部面的颜色。

f. 底面颜色:单击其后的颜色选择区域,系统弹出【颜色】对话框,可在该对话框中选择

项目 5

钣金建模

项目素材

 知识目标

一种颜色来定义钣金件底部面的颜色。

③【折弯定义方法】

折弯定义方法有"中性因子值""折弯表"和"折弯许用半径公式",一般使用"中性因子值"来定义折弯。

a. 中性因子值:采用中性因子定义折弯方法,且其后的文本框可用,可在该文本框中输入数值以定义折弯的中性因子。

b. 折弯表:可在创建钣金折弯时使用折弯表来定义折弯参数。

c. 折弯许用半径公式:使用半径公式来确定折弯参数。

(2)【展平图样处理】:用来设定钣金特征的拐角处理和简化平面展开图的方式,【展平图样处理】选项卡如图 5-3 所示。

图 5-3　【展平图样处理】选项卡

【拐角处理选项】:

a. 外拐角处理:设定钣金特征外部拐角的处理方式,包括"无""倒斜角""半径"三种方式。其中"无"不对内、外拐角做任何处理;"倒斜角"对内、外拐角创建一个倒角,倒角的大小在其后的文本框中进行设置;"半径"对内、外拐角创建一个圆角,圆角的大小在后面的文本框中进行设置。

b. 内拐角处理:用于设置钣金展开后内拐角的处理方式。

c. 展平图样简化:用于在对圆柱表面或折弯处有裁剪特征的钣金零件进行展开时,设置是否生成 B 样条。

d. 移除系统生成的折弯止裂口复选框:选中该复选框,钣金零件展开时将自动移除系统生成的缺口。

e. 在平面展开图形中保持孔为圆形复选框:选中该复选框,在平面展开图中保持折弯曲面上的孔为圆形。

(3)【展平图样显示】:用来设定展开图中的各种曲线的显示颜色。

在这个选项卡中可以对展开图样的各种曲线进行"颜色""线型"和"线宽"的设定。

(4)【钣金验证】:该选项卡中可设置钣金件验证的参数。在【钣金首选项】对话框中单击【钣金验证】选项卡,如图 5-4 所示。

(5)【标注配置】:该选项卡中显示钣金中标注的一些类型。在【钣金首选项】对话框中单击【标注配置】选项卡,如图 5-5 所示。

图 5-4 【钣金验证】选项卡

图 5-5 【标注配置】选项卡

5.2 钣金功能

在 UG NX 10.0 中钣金零件不但可以在钣金模块中创建,也可以在建模模块中创建,然后切换到钣金模块中转换成钣金零件。

下面利用具体实例介绍常用的钣金造型的功能和用法,以及钣金造型的一般过程。

微课 5.2

5.2.1 初始化设置

执行【菜单】|【首选项】|【钣金】命令,打开【钣金首选项】对话框,在【全局参数】控制面板中设置【材料厚度】为"1",【折弯半径】为"2",【让位槽深度】为"2",【让位槽宽度】为"2";在【折弯定义方法】控制面板中设置【中性因子值】为"0.32",单击【确定】按钮,完成钣金首选项设置。

5.2.2 创建突出块特征

使用"突出块"命令可以创建出一个平整的薄板,这是一个钣金零件的"基础",其他的钣金特征(如弯边、法向除料等)都是在这个"基础"上构建,因此这个平整的薄板就是钣金件最重要的部分。

(1) 单击【基本】工具条中的【突出块】按钮,打开【突出块】对话框,如图 5-6(a)所示。单击【截面】面板中的【绘制截面】按钮 ,弹出【创建草图】对话框。选择"XC-YC 平面"作为草绘平面,单击【确定】按钮,进入草绘界面。

(2) 绘制如图 5-6(b)所示的草图。单击【完成草图】按钮 ,退出草图界面,返回到主窗口。

(3) 选择上一步创建的草图曲线,【厚度】设为"1",单击【确定】按钮。完成突出块特征创建,结果如图 5-6(c)所示。

(a)【突出块】对话框　　　　　(c) 创建突出块结果

(b) 绘制截面

图 5-6　创建突出块特征

5.2.3　创建弯边特征

钣金弯边是在已存在的钣金壁的边缘上创建出简单的折弯，其厚度与原有钣金厚度相同。

（1）单击【折弯】工具条中【弯边】按钮，打开【弯边】对话框。如图 5-7(a)所示设置参数，单击【应用】按钮，完成一侧竖直折弯，结果如图 5-7(b)所示。

（2）采用同样方法，创建另一处弯边特征，【宽度选项】选择"从端点"，【从端点】设为"30"，【宽度】设为"80"，【长度】设为"20"，【角度】设为"90°"，【参考长度】选择"内部"，【内嵌】选择"折弯外侧"，【折弯半径】设为"1"，【中性因子】设为"0.32"，【止裂口】面板中【折弯止裂口】选择"正方形"，【深度】设为"2"，【宽度】设为"2"，单击【确定】按钮，完成另一侧竖直折弯，结果如图 5-7(c)所示。

(a)【弯边】对话框　　　　　(c) 弯边效果(二)

(b) 弯边效果(一)

图 5-7　创建弯边特征

此处折弯还可以设置【宽度选项】为"从两端",左侧【从端点】设为"30",右侧【从端点】设为"30",【宽度】则无须设置。【宽度选项】的其他选项也比较简单,读者可自行体会,这里不再详述。

5.2.4 编辑弯边轮廓

(1) 在【部件导航器】中双击弯边特征(二),在【弯边】对话框中单击【截面】按钮,修改截面草图,如图 5-8(a)所示。

(2) 单击【完成】按钮,单击【弯边】对话框中的【确定】按钮,完成编辑弯边轮廓,如图 5-8(b)所示。

(a) 截面草图 (b) 编辑效果

图 5-8 编辑弯边轮廓

5.2.5 轮廓弯边

(1) 单击【折弯】工具条中【轮廓弯边】按钮,打开【轮廓弯边】对话框。如图 5-9(a)所示。【类型】选择"次要",单击【绘制截面】按钮,在【创建草图】对话框中【位置】选择"弧长百分比",【弧长百分比】设为"50",【方向】选择"垂直于路径"。

(a)【轮廓弯边】对话框 (b) 调整坐标系方向 (c) 绘制截面 (d) 弯边效果

图 5-9 轮廓弯边

（2）在【创建草图】对话框中单击【选择路径】按钮，选取零件边线，弹出一个坐标系，调整坐标系坐标轴方向，如图 5 - 9(b)所示。单击【确定】按钮。

（3）绘制如图 5 - 9(c)所示的草绘曲线，单击【完成】按钮。

（4）按图 5 - 9(a)中设置"轮廓弯曲"的各项参数，单击【确定】按钮，完成轮廓弯边特征，如图 5 - 9(d)所示。

与"次要"类型的基于路径绘制截面草图不同，"基座"类型需要在平面内绘制截面草图，因其操作方法较简单，故不再详述。

5.2.6　折边弯边

单击【折弯】工具条中【更多】下面的【折边弯边】按钮 ，打开【折边】对话框。设置各参数如图 5 - 10(a)所示，选择折弯线，单击【确定】按钮，完成折边弯边，结果如图 5 - 10(b)(c)所示。

图 5 - 10　折边弯边

5.2.7　二次折弯

单击【折弯】工具条中【更多】下面的【二次折弯】按钮 ，打开【二次折弯】对话框，如图 5 - 11(a)所示。单击【二次折弯线】面板中的【绘制截面】按钮 ，弹出【创建草图】对话框。选择"XC - YC 平面"作为草绘平面，绘制图 5 - 11(b)所示的截面，单击【完成】按钮，退出草图界面，返回到主窗口。设置各参数如图 5 - 11(a)所示，单击【确定】按钮，完成二次折弯，结果如图 5 - 11(c)所示。

(a)【二次折弯】对话框 (c) 二次折边效果

图 5-11 二次折弯

5.2.8 凹坑

凹坑就是用一组连续的曲线作为轮廓沿着钣金件表面的法线方向冲出凸起或凹陷的成形特征。

单击【凸模】工具条中【凹坑】按钮，打开【凹坑】对话框，如图 5-12(a)所示。单击【截面】面板中的【绘制截面】按钮，弹出【创建草图】对话框。选择"XC-YC 平面"作为草绘平面，绘制图 5-12(b)所示的截面，单击【完成】按钮，退出草图界面，返回到主窗口。设置各参数如图 5-12(a)所示，单击【确定】按钮，完成凹坑的创建，结果如图 5-12(c)所示。

(a)【凹坑】对话框 (c) 凹坑结果

图 5-12 创建凹坑

5.2.9　百叶窗

百叶窗的功能是在钣金件的平面上创建通风窗,用于排气和散热。

单击【凸模】工具条中【百叶窗】按钮，打开【百叶窗】对话框,如图 5-13(a)所示。单击【切割线】面板中的【绘制截面】按钮，弹出【创建草图】对话框。选择上一步创建的凹坑底部上平面作为草绘平面,绘制图 5-13(b)所示的截面,单击【完成】按钮,退出草图界面,返回到主窗口。设置各参数如图 5-13(a)所示,利用【深度】选项中的【反向】按钮，调整冲压方向使之向上,单击【确定】按钮,完成百叶窗的创建,如果【百叶窗形状】选择"冲裁的",则结果如图 5-13(c)所示,如果【百叶窗形状】选择"成形的",则结果如图 5-13(d)所示。

(a)【百叶窗】对话框　　(c)"冲裁的"的效果　(d)"变形的"的效果

图 5-13　创建百叶窗

5.2.10　冲压除料

冲压除料就是用一组连续的曲线作为轮廓沿着钣金件表面的法向方向进行裁剪,同时在轮廓线上建立弯边。冲压除料的成形面的截面线可以是封闭的,也可以是开放的。

单击【凸模】工具条中【冲压除料】按钮,打开【冲压除料】对话框,如图 5-14(a)所示。单击

(a)【冲压除料】对话框　　　(c)冲压除料结果

图 5-14　创建冲压除料

【截面】面板中的【绘制截面】按钮📷,弹出【创建草图】对话框。选择"突出块"基体上表面作为草绘平面,绘制图5-14(b)所示的截面,单击【完成】按钮,退出草图界面,返回到主窗口。设置各参数如图5-14(a)所示,单击【确定】按钮,完成冲压除料特征的创建,结果如图5-14(c)所示。

5.2.11 筋

"筋"命令可以完成沿钣金件表面上的曲线添加筋的功能,筋用于增加钣金零件强度,但在展开实体的过程中,加强筋是不可以被展开的。

单击【凸模】工具条中【筋】按钮,打开【筋】对话框,如图5-15(a)所示。单击【截面】面板中的【绘制截面】按钮📷,弹出【创建草图】对话框。选择"突出块"基体上表面作为草绘平面,绘制图5-15(b)所示的截面,单击【完成】按钮,退出草图界面,返回到主窗口。设置各参数如图5-15(a)所示,单击【确定】按钮,完成筋特征的创建,结果如图5-15(c)所示。

(a) 【筋】对话框　　　(b) 绘制截面　　　(c) 创建筋结果

图5-15　创建筋

5.2.12 法向除料

法向除料是沿着钣金件表面的法向,以一组连续的曲线作为裁剪的轮廓线进行裁剪。法向除料与实体拉伸切除都是在钣金件上切除材料。当草图平面与钣金件平行时,二者没有区别;当草图平面与钣金面不平行时,二者有很大的不同。法向孔是垂直于该模型的侧面去除材料,形成垂直孔,如图5-16(a)所示;实体拉伸切除的孔是垂直于草图平面去除材料,形成斜孔,如图5-16(b)所示。

(a) 法向除料

(b) 实体拉伸切除

图5-16　法向除料与实体拉伸切除的区别

单击【特征】工具条中【法向除料】按钮,打开【法向除料】对话框,如图5-17(a)所示。单击【截面】面板中的【绘制截面】按钮📷,弹出【创建草图】对话框。选择左侧"二次折弯"上表面作为草绘平面,绘制图5-17(b)所示的截面,单击【完成】按钮,退出草图界面,返回到主窗口。设置各参数如图5-17(a)

所示,单击【确定】按钮,完成法向除料特征的创建,结果如图5-17(c)所示。

(a)【法向除料】对话框   (c) 创建法向除料结果

图 5-17 创建法向除料

5.2.13 伸直

在钣金设计中,如果要在钣金件的折弯区域创建裁剪或孔等特征,首先用伸直命令取消折弯钣金件的折弯特征,然后就可以在展平的折弯区域创建裁剪或孔等特征,利用伸直命令也可以获得弯曲件的展开尺寸。

单击【成形】工具条中【伸直】按钮 ,打开【伸直】对话框。单击如图 5-18 所示的表面作为固定平面,圆角曲面作为折弯面,单击【确定】按钮。效果如图 5-19 所示。

图 5-18 固定平面和折弯面

图 5-19 伸直后结果

5.2.14 重新折弯

利用重新折弯命令可以将伸直后的钣金壁部分重新折弯回来。

单击【成形】工具条中的【重新折弯】按钮 ,弹出【重新折弯】对话框,选择图 5-18 所示的固定面和折弯面,单击【确定】按钮,即可完成重新折弯。

▶ 任务 5-1　创建电器开关过电片模型并查询展开尺寸 ◀

任务描述

创建如图 5-20 所示的电器开关过电片模型,材料为黄铜,厚度为 0.5 mm。

微课任务 5-1

图 5 - 20 电器开关过电片零件

任务分析

　　首先创建突出块特征,在此基础上进行折弯,然后利用法向除料创建孔,最后展开折弯并查询展开尺寸。

相关知识

　　钣金首选项设置、突出块、二次折弯、法向除料、孔、伸直等。

任务实施

　　※STEP 1 新建文件

　　新建一个名为"电器开关过电片.prt"的文件,并进入钣金模块。

　　※STEP 2 钣金设置

　　执行【菜单】|【首选项】|【钣金】命令,打开【钣金首选项】对话框,在【全局参数】控制面板中设置【材料厚度】为"0.5",【折弯半径】为"0.5",【让位槽深度】为"0",【让位槽宽度】为"0";在【折弯定义方法】控制面板中设置【中性因子值】为"0.32",单击【确定】按钮,完成钣金首选项设置。

　　※STEP 3 创建钣金基本体

　　(1) 单击【基本】工具条中的【突出块】按钮,打开【突出块】对话框,单击【截面】面板中的【绘制截面】按钮🖼,弹出【创建草图】对话框。选择"XC - YC 平面"作为草绘平面,单击【确定】按钮,进入草绘界面。

　　(2) 绘制如图 5 - 21 所示的草图。单击【完成草图】按钮🖼,退出草图界面,返回到主窗口。

　　(3) 选择上一步创建的草图曲线,【厚度】设为"0.5",单击【确定】按钮。完成突出块特征创建,结果如图 5 - 22 所示。

图 5－21   绘制草图(一)

图 5－22   突出块

※STEP 4 创建二次折弯特征

单击【折弯】工具条中【更多】下面的【二次折弯】按钮 ，打开【二次折弯】对话框。单击【二次折弯线】面板中的【绘制截面】按钮 ，弹出【创建草图】对话框。选择"XC－YC 平面"作为草绘平面,绘制图 5－23 所示的截面,单击【完成】按钮,退出草图界面,返回到主窗口。设置【高度】设为"6.2",【参考高度】选择"外部",【内嵌】选择"材料外侧",【折弯半径】设为"0.5",【中性因子】设为"0.32",【止裂口】选择"无",单击【确定】按钮,完成二次折弯,结果如图 5－24 所示。

图 5－23   绘制草图(二)

图 5－24   二次折弯

※STEP 5 创建法向除料

(1) 单击【凸模】工具条中【法向除料】按钮,打开【法向除料】对话框。单击【截面】面板中的【绘制截面】按钮 ,弹出【创建草图】对话框。选择"XC－YC 平面"作为草绘平面,绘制图 5－25 所示的截面,单击【完成】按钮,退出草图界面,返回到主窗口。【切割方法】选择"厚度",【限制】选择"贯通",单击【确定】按钮,完成法向除料特征的创建,结果如图 5－26 所示。

(2) 利用上述法向除料的方法可以创建 $\phi4.5$ 的孔,也可以通过"孔"命令来实现。下面介绍用"孔"命令来创建 $\phi4.5$ 孔的方法。

单击【特征】工具条中【更多】下面的【孔】按钮 ,打开【孔】对话框,【类型】选择"常规孔",捕捉 $\phi6.7$ 圆弧的圆心为孔心,【直径】设为"4.5",【深度】选择"贯通体",单击【确定】按钮,完成 $\phi4.5$ 孔的创建,结果如图 5－27 所示。

图 5－25   绘制草图(三)

图 5－26   法向除料

图 5－27   创建孔

※STEP 6 展开并查询展开尺寸

（1）单击【成形】工具条中【伸直】按钮 ，打开【伸直】对话框。单击如图 5-28 所示的表面作为固定平面，圆角曲面作为折弯面，单击【应用】按钮。效果如图 5-29 所示。

（2）用相同方法展开另一处圆角，结果如图 5-30 所示。

固定面 折弯面

图 5-28 固定平面和折弯面

图 5-29 一处伸直

图 5-30 全部伸直

~23.2235 mm

图 5-31 展开尺寸查询

（3）查询展开尺寸单击"上边框条"中【测量距离】按钮 ，打开【测量距离】对话框。【类型】选择"投影距离"，【矢量】选择"XC 轴"，保证上边框条中【选择组】的【象限点】选项是选中状态，【起点】选择最左侧直边上一点，【终点】选择最右侧圆弧第一象限点，展开尺寸查询结果如图 5-31 所示。

任务总结

可以利用伸直命令展开弯曲件，进而查询展开尺寸。

▶ 任务 5-2 创建护板零件模型 ◀

任务描述

创建如图 5-32 所示的护板零件模型，料厚为 0.5 mm。

微课任务 5-2

图 5-32 护板零件

任务分析

首先创建突出块特征,在此基础上进行折弯,然后利用冲压除料创建孔,最后创建筋特征。该图形为左右对称图形,可利用镜像特征等操作提高作图效率。

相关知识

钣金首选项设置、突出块、弯边、折弯、法向除料、凹坑、冲压除料等。

任务实施

※STEP 1 新建文件

新建一个名为"护板.prt"的文件,并进入钣金模块。

※STEP 2 钣金设置

执行【菜单】|【首选项】|【钣金】命令,打开【钣金首选项】对话框,在【全局参数】控制面板中设置【材料厚度】为"0.5",【折弯半径】为"0.5",【让位槽深度】为"0",【让位槽宽度】为"0";在【折弯定义方法】控制面板中设置【中性因子值】为"0.32",单击【确定】按钮,完成钣金首选项设置。

※STEP 3 创建钣金基本体

(1) 单击【基本】工具条中的【突出块】按钮,打开【突出块】对话框,单击【截面】面板中的【绘制截面】按钮 🖳,弹出【创建草图】对话框。选择"XC - YC 平面"作为草绘平面,单击【确定】按钮,进入草绘界面。

(2) 绘制如图 5 - 33 所示的草图。单击【完成草图】按钮 🔲,退出草图界面,返回到主窗口。

(3) 选择上一步创建的草图曲线,【厚度】设为"0.5",单击【确定】按钮。完成突出块特征创建,结果如图 5 - 34 所示。

图 5 - 33　绘制草图(一)

图 5 - 34　突出块

※STEP 4 创建弯边特征

(1) 单击【折弯】工具条中【弯边】按钮,打开【弯边】对话框。选择"突出块"下平面右侧下边线,【宽度选项】选择"在中心",【宽度】设为"20",【长度】设为"3.5",【角度】设为"45°",【参考长度】选择"内部",【内嵌】选择"折弯外侧",【折弯半径】设为"0.5",【中性因子】设为"0.32",【止裂口】选择"无",单击【应用】按钮,完成右侧弯边,结果如图 5 - 35 所示。

(2) 重复上述操作,完成左侧弯边,结果如图 5 - 36 所示。

右侧下边线为弯边线　　　　　　　　　左侧下边线为弯边线

图 5-35　右侧弯边(一)　　　　　　图 5-36　左侧弯边(一)

(3) 单击【折弯】工具条中【弯边】按钮,打开【弯边】对话框。选择已创建的右侧弯边上边线,【宽度选项】选择"完整",【长度】设为"11",【角度】设为"45°",【参考长度】选择"内部",【内嵌】选择"材料外侧",【折弯半径】设为"0.5",【中性因子】设为"0.32",【止裂口】选择"无",单击【应用】按钮,完成右侧弯边,结果如图 5-37 所示。

(4) 重复上述操作,完成左侧弯边,结果如图 5-38 所示。

右侧上边线为弯边线　　　　　　　　左侧上边线为弯边线

图 5-37　右侧弯边(二)　　　　　图 5-38　左侧弯边(二)

(5) 单击【折弯】工具条中【弯边】按钮,打开【弯边】对话框。选择如图 5-39 所示的右侧上边线,【宽度选项】选择"完整",【长度】设为"3",【角度】设为"90°",【参考长度】选择"外部",【内嵌】选择"材料内侧",【折弯半径】设为"0.5",【中性因子】设为"0.32",【止裂口】选择"无",单击【应用】按钮,完成右侧弯边,结果如图 5-39 所示。

(6) 重复上述操作,完成左侧弯边,结果如图 5-40 所示。

右侧上边线为弯边线

图 5-39　右侧弯边(三)　　　　　　图 5-40　左侧弯边(三)

※STEP 5 编辑弯边轮廓

(1) 在"部件导航器"中双击图 5-41 所示的弯边特征,在【弯边】对话框中单击【截面】按钮,修改截面草图,如图 5-42 所示。

(2) 单击【完成】按钮,单击【弯边】对话框中的【确定】按钮,完成编辑弯边轮廓,如图 5-43 所示。

图 5-41　修改截面草图　　图 5-42　编辑弯边轮廓(一)　　图 5-43　编辑弯边轮廓(二)

（3）重复上述操作，完成左侧编辑弯边轮廓操作，结果如图 5-45 所示。

※STEP 6 创建法向除料

单击【凸模】工具条中【法向除料】按钮，打开【法向除料】对话框。单击【截面】面板中的【绘制截面】按钮图，弹出【创建草图】对话框。选择"XC-YC 平面"作为草绘平面，绘制图5-44 所示的截面，单击【完成】按钮，退出草图界面，返回到主窗口。"切割方法"选择"厚度"，"限制"选择"贯通"，单击【确定】按钮，完成法向除料特征的创建，结果如图 5-45 所示。

图 5-44　绘制草图(二)

图 5-45　法向除料

※STEP 7 创建矩形孔上的弯边特征

（1）单击【折弯】工具条中【弯边】按钮，打开【弯边】对话框。选择右侧矩形孔的边缘，如图 5-46 所示，【宽度选项】选择"在中心"，【宽度】设为"2"，【长度】设为"1.5"，【角度】设为"90°"，【参考长度】选择"内部"，【内嵌】选择"折弯外侧"，【折弯半径】设为"0"，【中性因子】设为"0.32"，【止裂口】选择"无"，单击【应用】按钮，完成右侧弯边，结果如图 5-47 所示。

右侧下边线为弯边线

图 5-46　矩形孔上弯边(一)

图 5-47　矩形孔上弯边(二)

（2）重复上述操作，完成左侧矩形边上的弯边，结果如图 5-49 所示。

※STEP 8 创建冲压除料

单击【凸模】工具条中【冲压除料】按钮，打开【冲压除料】对话框，单击【截面】面板中的【绘制截面】按钮图，弹出【创建草图】对话框。选择如图 5-48 所示平面为草绘平面，绘制图 5-49 所示的截面，单击【完成】按钮，退出草图界面，返回到主窗口。

【深度】设为"1"，【侧角】设为"0°"，【侧壁】选择"材料外侧"，勾选"除料边倒圆"，【半径】设为"0"，单击【确定】按钮，完成冲压除料特征的创建。利用"阵列特征"命令，创建另一侧冲压除料特征，结果如图 5-50 所示。

图 5-48 草绘平面   图 5-49 绘制草图(三)   图 5-50 冲压除料

※STEP 9 创建筋

(1) 单击【凸模】工具条中【筋】按钮,打开【筋】对话框,单击【截面】面板中的【绘制截面】按钮![图标],弹出【创建草图】对话框。选择如图 5-51 所示平面为草绘平面,绘制图 5-52 所示的截面,单击【完成】按钮,退出草图界面,返回到主窗口。

图 5-51 草绘平面   图 5-52 绘制草图(四)

【横截面】选择"圆形",【深度】设为"0.5",【半径】设为"1",【端部条件】选择"成形的",【凹模半径】设为"0",单击【应用】按钮,完成筋的创建,结果如图 5-53 所示。

(2) 用相同方法,创建另一条筋,草图如图 5-54 所示,结果如图 5-55 所示。

(3) 利用"镜像特征",生成另外两条筋,完成护板零件的创建,结果如图 5-32 所示。

图 5-53 筋特征(一)   图 5-54 绘制草图(五)   图 5-55 筋特征(二)

任务总结

对于结构对称的钣金件,可以利用"镜像特征""阵列特征"等命令,提高作图效率。

？ 习 题

项目习题

项目 6

装配设计

项目素材

知识目标

（1）了解装配中的术语。

（2）熟悉装配导航器的应用。

（3）掌握组件装配的关联操作及一些常用的组件功能。

（4）掌握装配爆炸图的创建和编辑方法。

技能目标

能够完成一般复杂程度的装配体。

项目描述

本项目将以一套复合模装配案例为载体，介绍 UG NX 10.0 中零件一般装配过程，通过本项目的学习可以掌握 UG NX 10.0 的装配模块操作方法与技巧，能够装配一般复杂程度的装配体，并生成装配爆炸图。

相关知识

6.1 装配设计基础

装配功能是将产品的各个零部件进行组织和定位操作的过程，通过装配操作，系统可以形成产品的总体结构、绘制装配图和检查各零部件之间是否发生干涉等。

6.1.1 装配术语及概念

在装配中用到的术语很多，下面介绍在装配过程中经常用到的一些术语。

（1）部件：任何.prt 文件都可以作为部件添加到装配文件中。

（2）组件：在装配中按特定位置和方向使用的部件。组件可以是独立的部件，也可以是由其他较低级别的组件组成的子装配。装配中的每个组件仅包含一个指向其主几何体的指针，在修改组件的几何体时，装配体将随之发生变化。

（3）装配：是指由部件和子装配构成的部件。在 UG 中可以向任何一个.prt 文件中添加部件构成装配，因此任何一个.prt 文件都可以作为装配部件。

提示

在 UG 装配学习中,零件和部件不必严格区分。需要注意的是,当存储一个装配时,各部件的实际几何数据并不是存储在装配部件文件中,而存储在相应的部件或零件文件中。

（4）子装配:是指在高一级装配中被用作组件的装配,子装配也拥有自己的组件。子装配是一个相对的概念,任何一个装配部件可在更高级装配中用作子装配。

（5）主模型:是指供 UG 模块共同引用的部件模型。同一主模型,可同时被工程图、装配、加工、机构分析和有限元分析等模块引用,当主模型修改时,相关应用自动更新。

（6）装配约束:指各组件之间点、线、面的约束关系,通过装配约束可以确定各组件的方向和相对位置。

6.1.2 装配方法

在 UG 的装配模块中,根据各零件之间的引用关系不同,可有三种创建装配体的方法,即自底向上装配、自顶向下装配和混合装配。

（1）自底向上装配:先创建部件几何模型,再组合成子装配,最后生成装配部件的装配方法。在零件级上对部件进行改变会自动更新到装配体中。

（2）自顶向下装配:先由产品的大致形状创建出其骨架模型,然后再根据装配情况将骨架模型分割成多个零件或子装配体,最后设计各零件的具体结构,是一种从整体到局部,由粗到细的装配设计过程。

（3）混合装配:是将自顶向下装配和自底向上装配结合在一起的装配方法。

6.1.3 装配工具条介绍

启动 UG NX 10.0,单击【新建】按钮 □ ,在打开的【新建】对话框的【模板】选项卡中选择【装配】选项,并设置文件名和保存路径,然后单击【确定】按钮,新建一个装配文件,系统进入建模环境界面,单击功能区的【装配】标签,切换到【装配】选项卡,如图 6-1 所示。该选项卡包含【关联控制】工具条、【组件】工具条、【组件位置】工具条以及【常规】工具条。

图 6-1 功能区的【装配】选项卡

6.1.4 装配导航器

装配导航器的作用是以树状结构显示部件的装配关系,每一个部件显示为一个节点,装配导航器提供建立、编辑、管理部件的多种功能,如更改工作和显示部件、隐藏和不隐藏组件等。

微课 6.1.4

打开项目素材中的"滚轮支架\滚轮支架总装.prt",单击左侧的导航栏中【装配导航器】

图标![即可打开装配导航器，它的内容反映了整个系统装配的层次关系。

装配导航器的模型树中各部件名称前面有很多图标，不同的图标表示不同的信息，具体说明如图 6-2 所示。

图 6-2 【装配导航器】

6.1.5 部件导航器

微课 6.1.5

在导航栏中单击【部件导航器】图标，即可启动部件导航器。通过它可以对部件进行编辑、变换、拉伸、排序等多种操作。在装配导航器中双击某个部件，将其设为工作部件，则在部件导航器中可看到这个部件的全部建模过程，并可双击其中一特征进行编辑和修改。例如：将"支架"设为工作部件，则在【部件导航器】显示了它的全部建模过程，如图 6-3 所示。

图 6-3 【部件导航器】

6.1.6 引用集

微课 6.1.6

在装配中，由于各部件含有草图、基准平面及其他辅助图形数据。如果要显示装配中所有的组件或子装配部件的所有内容，由于数据量大，需要占用大量内存，不利于装配操作和管理。通过引用集能够限定组件装入装配中的信息数据量，同时避免了加载不必要的几何信息，提高机器的运行速度。

引用集是在组件部件中定义或命名的数据子集或数据组，其可以代表相应的组件部件装入装配。在系统默认状态下，每个装配件都有三个引用集，即"整个部件""空"和"模型"。"整个部件"表示引用部件的全部几何数据。在添加部件到装配时，如果不选择其他引用集，默认状态使用"整个部件"。"空"集是不含任何几何数据的引用集，当部件以空集形式添加到装配中，装配中看不到该部件。

6.1.7 装配约束

微课 6.1.7

装配约束用来确定各个组件之间的相对位置关系，以确定组件的装配位置。

单击【组件位置】工具条中的【装配约束】按钮，弹出【装配约束】对话框，如图

图 6-4 【装配约束】对话框

6-4 所示,各装配约束类型的含义如下。

(1)【接触对齐】:用于约束两个对象对齐。

①【首选接触】:选择该选项时,当接触和对齐都可能时显示接触约束(在大多数模型,接触约束比对齐约束更常用);当接触约束过度约束装配时,将显示对齐约束。

②【接触】:选择该选项时,则约束对象的曲面法向在相反方向上。

③【对齐】:选择该选项时,则约束对象的曲面法向在相同方向上。

④【自动判断中心/轴】:该选项主要用于定义两个圆柱面、两个圆锥面或圆柱面与圆锥面同轴约束。

(2)【同心】:用于将相配组件中的一个对象定位到基础组件中的一个对象的中心上。其中一个对象必须是圆柱体或轴对称实体。

(3)【距离】:用于指定两相配对象间的最小 3D 距离,正负号决定相配组件在基础部件的哪一侧。

(4)【固定】:用于约束组件在当前位置,一般用在第一个装配部件上。

(5)【平行】:用于约束两对象的方向矢量平行。

(6)【垂直】:用于约束两对象的方向矢量垂直。

(7)【对齐/锁定】:该约束用于使两个对象的边线或轴线重合。

(8)【等尺寸配对】:该约束用于定义将半径相等的两个圆柱面拟合在一起。此约束对确定孔中销或螺栓的位置很有用,如果以后半径变为不等,则该约束无效。

(9)【胶合】:将组件"焊接"在一起。

(10)【中心】:用于约束两对象的中心对齐。选中该类型时,其子类型下拉列表包括 3 个选项。

①【1 对 2】:将相配组件中的一个对象定位到基础组件的两个对象的对称中心。

②【2 对 1】:将相配组件中的两个对象定位到基础组件的一个对象上,并与其对称。

③【2 对 2】:将相配组件中的两个对象定位到基础组件的两个对象对称布置。

当选择该选项时,选择步骤图标全部被激活,需分别选择对象。

(11)【角度】:用于定义两对象的旋转角度,使相配组件到正确的位置。可以在两个具有方向矢量的对象上产生,角度是两方向矢量的夹角。

①【3D 角】:用于约束需要"源"几何体和"目标"几何体,不需要指定旋转轴,可以任意选择满足指定几何体之间角度的位置。

②【方向角度】:用于给需要"源"几何体和"目标"几何体,还特别需要一个定义旋转轴的预先约束,而不是创建方向角度约束。

6.2 装配设计一般过程

部件的装配有三种方式:自底向上装配、自顶向下装配和混合装配,自底向上装配是一种常用的装配模式,而"项目 8 注塑模具 CAD"中介绍的注塑模具设计采用的是自顶向下的装配,因此本项目主要介绍自底向上装配方式。

下面以垫片复合模的装配设计为例,介绍 UG NX 装配模块的操作。

任务 6-1　垫片复合模下模组件装配

任务描述

完成如图 6-5 所示的垫片复合模下模组件的装配。

微课任务 6-1

导柱
凸凹模
卸料板
凸凹模固定板
下垫板
下模座

导料销
弹簧
卸料弹簧
螺钉
卸料螺钉
销钉

(a) 完整示图　　　　(b) 隐藏部分组件示图

图 6-5　垫片复合模下模组件

任务分析

垫片复合模采用倒装结构形式,下模组件由下模座、下垫板、凸凹模固定板、卸料板、凸凹模、导柱、导料销(挡料销)、弹簧、卸料弹簧、螺钉、卸料螺钉、销钉等组成,装配时先装入下模座,再装入导柱、板类零件及标准件。

相关知识

进入装配模块;添加组件;装配约束;阵列组件等。

任务实施

※STEP 1 文件准备

新建一个名为"垫片复合模下模"的文件夹,将安装下模组件所需的 12 种零件(在项目素材中的"垫片复合模下模"文件夹中),存放到创建的"垫片复合模下模"文件夹中。

※STEP 2 新建装配文件

启动 UG NX 10.0,单击【新建】按钮 □,在弹出的【新建】对话框中选择【模型】选项卡,在此选项卡中【模板】选"装配",【单位】选"毫米",输入新文件名称为"下模装配",将文件存放到创建的"垫片复合模下模"文件夹中,单击【确定】按钮,即可进入【建模】应用模块。

※STEP 3 添加下模座

(1) 系统自动弹出【添加组件】对话框,在该对话框的【部件】选项组中单击【打开】按钮 □,

弹出【部件名】对话框,根据部件的存放路径选择组件"下模座",单击【OK】按钮,返回【添加组件】对话框,此时屏幕右下角可以看到部件实体模型,从而确定是不是要添加的模型。

(2) 在【放置】选项组中的【定位】下拉列表中选择【绝对原点】选项;在【复制】选项组的【多重添加】下拉列表中确保选中【无】选项;在【设置】选项组的【引用集】下拉列表中选择【模型("MODEL")】选项,【图层选项】下拉列表中选择【原始的】选项,如图6-6所示。单击【确定】按钮,将下模座定位于原点,效果如图6-7所示。

图6-6 【添加组件】对话框　　　　图6-7 添加下模座

(3) 单击【组件位置】工具条中的【装配约束】按钮 ,弹出【装配约束】对话框,在【类型】下拉列表中选择【固定】,选择下模座作为【要约束的几何体】,单击【确定】按钮,将下模座固定。

 技巧

在装配中使用装配约束时,第一个选择的部件为需要约束的对象,第二个选择的部件为约束的基准,为避免因选择的先后顺序错误而使基准件发生移动,最好将第一个件先做"固定"约束处理。

※STEP 4 添加导柱

(1) 单击【组件】工具条中的【添加】按钮 ,选择组件"导柱",【定位】下拉列表中选择【通过约束】的定位方式,单击【确定】按钮。

(2) 在【装配约束】对话框的【类型】下拉列表中选择【接触对齐】,然后在【方位】下拉列表中选择【自动判断中心/轴】,依次选取如图6-8所示的孔轴线和导柱的轴线;【类型】下拉列表中选择【距离】,依次选取图6-8所示的下模座下平面和导柱的下平面,在文本框中输入距离值"3",单击【确定】按钮,添加导柱结果如图6-9所示。

图 6-8　导柱约束条件　　　　　　　图 6-9　添加导柱

（3）另外一侧导柱可以按上一步的方法添加，也可以通过"镜像装配"或"阵列组件"的方法添加。下面分别介绍"镜像装配"和"阵列组件"两种方法。

①"镜像装配"方法。单击【组件】工具条中的【镜像装配】按钮，打开【镜像装配向导】对话框，单击【下一步】按钮，选择已添加的导柱作为镜像的组件，单击【下一步】按钮，单击【创建基准平面】按钮，在弹出的【基准平面】对话框中选择【类型】为"YC-ZC 平面"，距离输入"0"，单击【基准平面】对话框中的【确定】按钮，在系统三次弹出的【镜像装配向导】对话框中均单击【下一步】按钮，最后单击【完成】按钮。

②"阵列组件"方法。单击【组件】工具条中的【阵列组件】按钮，打开【阵列组件】对话框，选择已添加的导柱作为阵列的组件，在【阵列定义】面板中设置【布局】为"线性"，【方向1】为"-X 轴"，【间距】为"数量和节距"，【数量】输入"2"，【节距】输入"130"，单击【确定】按钮。添加另一侧导柱结果如图 6-10 所示。

图 6-10　添加另一侧导柱

※STEP 5 添加下垫板

（1）单击【组件】工具条中的【添加】按钮，选择组件"下垫板"，【定位】下拉列表中选择【通过约束】的定位方式，单击【应用】按钮。

（2）在【装配约束】对话框的【类型】下拉列表中选择【同心】，如图 6-11 所示选取约束对象，单击【确定】按钮，添加下垫板结果如图 6-12 所示。

图 6-11　下垫板约束条件　　　　　　图 6-12　添加下垫板

※STEP 6 添加凸凹模

（1）选择组件"凸凹模"，【定位】下拉列表中选择【通过约束】的定位方式，单击【应用】

按钮。

（2）在【装配约束】对话框的【类型】下拉列表中选择【接触对齐】，然后在【方位】下拉列表中选择【接触】，依次选取如图6-13所示的下垫板上平面和凸凹模底平面，在【方位】下拉列表中选择【自动判断中心/轴】，依次选取如图6-13所示的轴线，单击【确定】按钮，添加凸凹模结果如图6-14所示。

图6-13　凸凹模约束条件　　　　　　　　　　图6-14　添加凸凹模

※STEP 7 添加凸凹模固定板

（1）选择组件"凸凹模固定板"，【定位】下拉列表中选择【通过约束】的定位方式，单击【应用】按钮。

（2）在【装配约束】对话框的【类型】下拉列表中选择【同心】，如图6-15所示选取约束对象，单击【确定】按钮，添加下垫板结果如图6-16所示。

图6-15　凸凹模固定板约束条件　　　　　　　图6-16　添加凸凹模固定板

※STEP 8 添加螺钉

（1）选择组件"下模螺钉"，【定位】下拉列表中选择【通过约束】的定位方式，单击【应用】按钮。

图6-17　螺钉约束条件

（2）在【装配约束】对话框的【类型】下拉列表中选择【接触对齐】，然后在【方位】下拉列表中选择【自动判断中心/轴】，依次选取如图6-17所示的孔轴线和螺钉轴线，在【方位】下拉列表中选择【接触】，依次选取图6-17所示的下模座沉头孔面和螺钉台阶面，单击【确定】按钮。也可以选择【同心】的定位方式添加螺钉。

（3）采用上述方法添加其余三个螺钉，也可采用"镜像装配"或"阵列组件"方法添加其余三个螺钉，结果如图

6-18 所示。

※STEP 9 添加销钉

（1）选择组件"下模销钉"，【定位】下拉列表中选择【通过约束】的定位方式，单击【应用】按钮。

（2）在【装配约束】对话框的【类型】下拉列表中选择【接触对齐】，然后在【方位】下拉列表中选择【自动判断中心/轴】，依次选取如图 6-19 所示的孔轴线和销钉轴线；【类型】下拉列表中选择【距离】，依次选取如图 6-19 所示的凸凹模固定板上平面和销钉的上平面，在文本框中输入距离值"5"，确保销钉平面低于凸凹模固定板平面，单击【确定】按钮。

（3）采用上述方法添加另一个销钉，结果如图 6-20 所示。

图 6-18 添加螺钉

图 6-19 销钉约束条件

图 6-20 添加销钉

※STEP 10 添加卸料板

（1）选择组件"卸料板"，【定位】下拉列表中选择【通过约束】的定位方式，单击【应用】按钮。

（2）在【装配约束】对话框的【类型】下拉列表中选择【接触对齐】，然后在【方位】下拉列表中选择【对齐】，依次选取如图 6-21 所示的凸凹模固定板的侧面和卸料板的侧面，【类型】下拉列表中选择【距离】，依次选取如图 6-21 所示的凸凹模上平面和卸料板的上平面，在文本框中输入距离值"1"，确保凸凹模平面低于卸料板平面（按模具开启状态装配，模具处工作状态时，卸料板被压下，凸凹模平面高于卸料板平面），单击【确定】按钮，结果如图 6-22 所示。

图 6-21 卸料板约束条件

图 6-22 添加卸料板

※STEP 11 添加卸料弹簧

（1）选择组件"卸料弹簧"，【定位】下拉列表中选择【通过约束】的定位方式，在【设置】选项组的【引用集】下拉列表中选择【整个部件】选项，【图层】下拉列表中选择【工作的】选项，单击【应用】按钮。

（2）在【装配约束】对话框的【类型】下拉列表中选择【接触对齐】,然后在【方位】下拉列表中选择【对齐】,依次选取如图6-23所示的卸料弹簧的Z轴和卸料板上螺钉孔的轴线,【方位】下拉列表中选择【接触】,依次选取如图6-23所示的卸料弹簧的底平面和凸凹模固定板的上平面,单击【确定】按钮。

（3）采用上述方法添加另外三个卸料弹簧,关闭【添加组件】对话框,在【装配导航器中】右键单击"卸料弹簧×4",在弹出的菜单中选择【替换引用集】|【MODEL】,结果如图6-24所示。

图6-23　卸料弹簧约束条件　　　　图6-24　添加卸料弹簧

※STEP 12 添加卸料螺钉

（1）单击【组件】工具条中的【添加】按钮，选择组件"卸料螺钉",【定位】下拉列表中选择【通过约束】的定位方式;在【设置】选项组的【引用集】下拉列表中选择【模型("MODEL")】选项,【图层选项】下拉列表中选择【原始的】选项,单击【应用】按钮。

（2）在【装配约束】对话框的【类型】下拉列表中选择【接触对齐】,然后在【方位】下拉列表中选择【接触】,依次选取如图6-25(隐藏卸料弹簧)所示的卸料螺钉的台阶面和卸料板下平面,【方位】下拉列表中选择【自动判断中心/轴】,依次选取如图6-25所示的卸料螺钉轴线和卸料板螺纹孔轴线,单击【确定】按钮。

（3）采用上述方法添加另外三个卸料螺钉,把隐藏的卸料弹簧显示出来,结果如图6-26所示。

图6-25　卸料螺钉约束条件　　　　图6-26　添加卸料螺钉

※STEP 13 添加导料销和挡料销

该套模具中的导料销和挡料销形状尺寸完全相同,只因放置位置的不同,名称也不同,放在条料前端的称为挡料销,放在条料侧边的称为导料销,因此组件名称统一为"导料销"。

（1）关闭【添加组件】对话框,将卸料板以外的所有零件隐藏。

（2）单击【组件】工具条中的【添加】按钮 ,选择组件"导料销",【定位】下拉列表中选择【通过约束】的定位方式,单击【应用】按钮。

（3）在【装配约束】对话框的【类型】下拉列表中选择【同心】,依次选取如图 6-27 所示的卸料板上导料销安装孔的下边缘和导料销台阶面边缘,单击【确定】按钮。

（4）采用上述方法添加另外两个导料销,结果如图 6-28 所示。

图 6-27　导料销约束条件　　　　　　　　　图 6-28　添加导料销和挡料销

※STEP 14 添加弹簧

（1）选择组件"弹簧",【定位】下拉列表中选择【通过约束】的定位方式,在【设置】选项组的【引用集】下拉列表中选择【整个部件】选项,【图层】下拉列表中选择【工作的】选项,单击【应用】按钮。

（2）将导料销以外的所有零件隐藏。

（3）在【装配约束】对话框的【类型】下拉列表中选择【接触对齐】,然后在【方位】下拉列表中选择【自动判断中心/轴】,依次选取如图 6-29 所示的弹簧的 Z 轴和导料销的轴线,【方位】下拉列表中选择【接触】,依次选取如图 6-29 所示的弹簧的上部基准平面和导料销中间圆柱体的下平面,单击【确定】按钮。

（4）采用上述方法添加另外两个弹簧,结果如图 6-30 所示。

图 6-29　弹簧约束条件　　　　　　　　　　图 6-30　添加弹簧

※STEP 15 整理视图,保存

（1）将下模装配中的所有组件显示出来,调整视图方位。

（2）执行【文件】|【保存】|【全部保存】命令,完成下模组件的装配。

任务总结

利用添加组件和装配约束等命令装配垫片复合模下模组件,组件的装配时的定位方式灵活多样的,但要注意不要过约束和欠约束,对于弹簧这类模型本身没有明显约束对象可提选择的特殊组件,装配载入时可以把"引用集"设置成"整个部件",利用建模时的基准进行约束定位。

▶ 任务 6-2　垫片复合模下模装配爆炸图 ◀

任务描述

对任务 6-1 中已装配好的垫片复合模下模创建爆炸视图,爆炸视图效果如图 6-31 所示。

微课任务 6-2

任务分析

爆炸视图是 UG NX 软件提供的一个可以很方便地反映出装配件的装配顺序、内部结构的重要功能,在复杂的装配体中经常采用。在爆炸视图中可以方便地观察装配中的零件数目以及相互之间的装配关系,它是装配模型中的各个组件按照装配关系沿指定的方向偏离原来位置的拆分图。这些组件仅在爆炸图中重定位,它们在真实装配中的位置不受影响,且在一个模型中可以存在多个爆炸视图。垫片复合模下模装配中各组件呈直线分布,相对而言装配关系比较简单,只需生成一个爆炸视图即可表达清楚内部结构。

图 6-31　下模装配爆炸图

相关知识

生成爆炸视图;编辑爆炸视图等。

任务实施

※STEP 1 创建爆炸图

打开垫片复合模下模装配文件,执行【菜单】|【装配】|【爆炸图】|【新建爆炸图】命令,或单击【装配】工具条中的【爆炸图】按钮 ,打开【爆炸图】工具条,如图 6-32 所示。单击【爆炸图】工具条中的【新建爆炸图】按钮,系统弹出【新建爆炸图】对话框,如图 6-33 所示。定义爆炸图的名称(这里取默认值),单击【确定】按钮,完成创建爆炸图。

图 6-32　【爆炸图】工具条

图 6-33　【新建爆炸图】对话框

※STEP 2 自动生成爆炸图

单击【爆炸图】工具条中的【自动爆炸组件】按钮 ,系统弹出【类选择】对话框,框选所有零件,单击【确定】按钮,弹出的【自动爆炸组件】对话框,输入【距离】为"100",单击【确定】

按钮,自动生成的爆炸图。

※STEP 3 取消爆炸组件

自动爆炸的组件位置并不理想,单击【爆炸图】工具条中的【取消爆炸组件】按钮 ,系统弹出【类选择】对话框,框选所有零件,单击【确定】按钮,使组件恢复到没爆炸前的状态。

※STEP 4 移动卸料螺钉

单击【爆炸图】工具条中的【编辑爆炸图】按钮 ,系统弹出【编辑爆炸图】对话框,如图6-34 所示自动激活【选择对象】选项,选取四颗卸料螺钉,切换至【移动对象】选项,这时系统生成动态坐标,拖动动态坐标系带动"四颗卸料螺钉"移动至合适位置后,效果如图6-35 所示。

图6-34 【编辑爆炸图】对话框   图6-35 移动卸料螺钉

※STEP 5 移动卸料板

选取卸料板,将其移至合适位置,结果如图6-36 所示。

※STEP 6 移动导料销和挡料销

选取导料销和挡料销,将其移至合适位置,结果如图6-37 所示。

※STEP 7 移动弹簧

选取弹簧,将其移至合适位置,结果如图6-38 所示。

图6-36 移动卸料板   图6-37 移动导料销和挡料销   图6-38 移动弹簧

※STEP 8 移动卸料弹簧

选取卸料弹簧,将其移至合适位置,结果如图6-39 所示。

※STEP 9 移动销钉

选取下模销钉,将其移至合适位置,结果如图6-40 所示。

※STEP 10 移动螺钉

选取下模螺钉,将其移至合适位置,结果如图 6-41 所示。

图 6-39 移动卸料弹簧

图 6-40 移动销钉

图 6-41 移动螺钉

图 6-42 移动凸凹模
固定板

※STEP 11 移动凸凹模固定板

选取凸凹模固定板,将其移至合适位置,结果如图 6-42 所示。

※STEP 12 移动凸凹模

选取凸凹模,将其移至合适位置,结果如图 6-43 所示。

※STEP 13 移动下垫板

选取下垫板,将其移至合适位置,结果如图 6-44 所示。

※STEP 14 移动导柱

选取导柱,将其移至合适位置,结果如图 6-45 所示,完成垫片复合模下模装配爆炸视图。

图 6-43 移动凸凹模

图 6-44 移动下垫板

图 6-45 移动导柱

 提示

可通过执行【菜单】|【装配】|【爆炸图】|【隐藏爆炸图】命令,将选中的爆炸图隐藏起来,并恢复到原来的状态。

任务总结

　　只有装配中有约束关系的情况下才能使用自动爆炸,但自动爆炸图的效果一般情况下都不够理想,需要使用手动爆炸才能获得理想的爆炸效果。

 习　题

项目习题

项目7

工程图

项目素材

 知识目标

(1) 了解工程图与三维模型之间的关系,熟悉在 UG 中创建工程图的流程。

(2) 掌握创建基本视图、投影视图、剖视图及其他视图的方法。

(3) 掌握标注尺寸、基准特征符号、形位公差和表面粗糙度等的方法。

 技能目标

能够结合机械制图的相关知识和 UG NX 工程图模块的操作技能,选择合适的视图表达方案,充分、合理、准确地表达产品结构。

 项目描述

本项目将以模柄零件工程图以及垫片复合模上模装配工程图绘制案例为载体,介绍 UG NX 10.0 工程图绘制的流程,通过本项目的学习可以掌握 UG NX 10.0 的工程图模块操作方法与技巧,熟悉视图创建、视图编辑、尺寸标注及公差标注、形位公差标注、表面粗糙度标注、添加文字注释、填写标题栏、明细表的全过程,通过二维图合理、准确地表达产品结构。

 相关知识

7.1 工程图模块概述

UG 工程图是将建模功能中创建的三维实体模型引入制图环境中生成的二维图,工程图由模型投影而成。因此它们互相关联,模型的任何修改都会引起工程图的相应变化,这也很好地保证了二者之间的完全一致性,但工程图的修改不会引起模型的变化。在工程图模块中用户可创建图纸、视图,进行尺寸标注、文字注释和公差标注等。

7.1.1 工程图绘制的一般流程

UG NX 中工程图绘制的一般流程如图 7-1 所示。

7.1.2 初识工程图界面

完成三维模型建模后,在 UG NX 10.0 的基本操作界面中单击功能区

图 7-1 工程图绘制的一般流程

的【应用模块】标签,切换到【应用模块】选项卡,如图 7-2 所示。接着在选项卡的【设计】面板中单击选中【制图】按钮,便快速切换到【制图】应用模块。

或者单击 UG NX 10.0 初始界面的标准工具条中的【新建】按钮,系统弹出【新建】对话框,如图 7-3 所示。选择【图纸】选项卡,在此选项卡中【关系】选择"引用现有部件",【单位】选"毫米",选择合适的图幅,输入新文件名称,选择存放的文件夹,选取要创建图纸的部件,单击【确定】按钮,也可以进入【制图】应用模块。【制图】模块界面如图 7-4 所示。

微课 7.1.2

图 7-2　【应用模块】选项卡

图 7-3　【新建】对话框

图 7-4　【制图】模块界面

制图模块界面中包括【主页】【制图工具】【布局】【分析】【视图】【工具】等选项卡,不同选项卡中包含的工具条也不同。常见的工具条包括【视图】工具条、【尺寸】工具条、【注释】工具条、【草图】工具条及【表】工具条等,如图7-5～图7-9所示。

图7-5 【视图】工具条　　　　图7-6 【尺寸】工具条　　　图7-7 【注释】工具条

图7-8 【草图】工具条　　　　　　图7-9 【表】工具条

7.1.3 制图模块预设置

为了准确有效地绘制工程图,需事先设置工程图的基本参数,如线条的粗细、隐藏线的显示与否、视图边界线的显示和颜色设置等,以满足特定的设计环境要求。

微课 7.1.3

（1）制图标准设置

进入【制图】模块后,执行【菜单】|【工具】|【制图标准】命令,弹出【加载制图标准】对话

框,选择【用户默认设置级别】为"出厂设置"或"用户",【要加载的标准】为"GB",单击【确定】按钮。

(2) 制图首选项设置

执行【菜单】|【首选项】|【制图】命令,弹出【制图首选项】对话框,如图 7 – 10 所示,在该对话框中可进行各项参数的设置。

图 7 – 10　【制图首选项】对话框

例如:选择【视图】选项卡中的【隐藏线】选项卡,如图 7 – 11 所示,可以设置隐藏线的显示方式,如线型和线宽等参数;选择【视图】选项卡中的【光顺边】选项卡,如图 7 – 12 所示,可以设置光顺边缘的显示方式,还可以设置光顺边缘端点缝隙值显示;选择【视图】选项卡中的【工作流】选项卡,如图 7 – 13 所示,可以设置视图边界的显示方式等。

图 7 – 11　【隐藏线】选项卡

图 7-12 【光顺边】选项卡　　　　　图 7-13 【工作流】选项卡

7.2　图纸管理

7.2.1　新建图纸页

在功能区的【主页】选项卡中单击【新建图纸页】按钮 ，弹出图 7-14 所示的【图纸页】对话框。

微课 7.2.1

（1）【使用模板】选项：从对话框出现的列表框中选择 UG NX 10.0 提供的一种制图模板，直接应用于当前的工程图模块中。

（2）【标准尺寸】选项：从对话框的下拉列表中选取 A0++～A4 这 7 种标准图纸中的任一种作为当前的工程图纸，并且可以对图纸的比例、名称等进行所需的设置，如图 7-15 所示。

图 7-14 【图纸页】对话框　　　　　图 7-15 使用"标准尺寸"

（3）【定制尺寸】选项：可由用户设置图纸高度、长度、比例和图纸页名称等,如图 7-16 所示。

图 7-16　使用"定制尺寸"

7.2.2　删除图纸

在图纸导航器中右击所要删除的图纸名称,弹出快捷菜单,选择其中的【删除】命令即可,如图 7-17 所示。如果要删除当前绘图工作区已打开的工程图,可在绘图区中将光标移动到该图纸的边线上右击,弹出快捷菜单,选择其中的【删除】命令,如图 7-18 所示。

微课 7.2.2

图 7-17　在导航器中删除图纸

图 7-18　在绘图区删除图纸

7.2.3　编辑图纸

在功能区的【主页】选项卡中单击【编辑图纸页】按钮 ,在弹出的【图纸页】对话框中可以对图纸页的名称、大小、比例等进行编辑。

微课 7.2.3

7.3　创建视图

7.3.1　基本视图

基本视图是向图纸页添加的第一个视图,原则上可以选择 8 个基本视图当中的任意一个作为基本视图,但一般选择为主视图或俯视图。下面通过实例介绍基本视图创建的方法,打开项目素材中的"底座.prt",创建基本视图的步骤如图 7－19 所示。

图 7－19　创建基本视图的步骤

(1) 单击【基本视图】按钮,弹出【基本视图】对话框,设置【模型视图】为"俯视图"。

(2) 设置【比例】为 1∶1。

(3) 单击【定向视图工具】按钮,弹出【定向视图】预览框,同时弹出【定向视图工具】对话框。

(4) 在【定向视图工具】对话框中选择【X 向】选项卡中的【指定矢量】选项。

(5) 在【定向视图】预览框选择"竖直"方向的矢量,使俯视图旋转90°。

(6) 单击【定向视图工具】对话框中的【确定】按钮。

(7) 在图框范围内合适位置左键单击,完成基本视图的添加。

(8) 单击【投影视图】对话框中的【关闭】按钮,退出【基本视图】对话框。

7.3.2　投影视图

添加基本视图后,系统会自动弹出【投影视图】对话框,如图 7－20 所示。或者单击【图纸】工具条中的【投影视图】按钮，也可以打开此对话框。在放置视图的位置单击鼠标左键即可得到投影视图,可一次生成各个方向的视图和同时预览三维实体,如图 7－21 所示。

图 7-20　【投影视图】对话框　　　　　图 7-21　投影视图

在【投影视图】对话框中各主要选项的含义如下。

（1）【父视图】：系统默认自动选择上一步添加的视图为主视图来生成其他视图，但可以单击【选择视图】按钮选择相应的主视图。

（2）【铰链线】：系统自动默认在主视图的中心位置出现一条折页钱，同时可以拖动鼠标方向来改变折页线的法线方向，以此来判断并预览生成的视图。

7.3.3　全剖视图

剖视图主要用于表达零件的内部结构形状，利用该命令可以创建全剖视图和阶梯剖视图。下面通过实例介绍全剖视图的创建方法，打开项目素材中的"凸凹模.prt"，创建全剖视图的步骤如图 7-22 所示。

微课 7.3.3

图 7-22　创建全剖视图的步骤

（1）执行【菜单】|【插入】|【视图】|【剖视图】命令,或者单击【视图】工具条中的【剖视图】按钮 ,弹出【剖视图】对话框。设置【截面线】面板中【方法】为"简单剖/阶梯剖"。

（2）选择"俯视图"为父视图,因为本例中只有一个现有视图,系统默认该视图为父视图,如果有两个或两个以上视图,需要用户手动选择父视图。

（3）将光标移至父视图上,在合适位置左键单击,确定剖切位置。

（4）拖动鼠标至合适位置,以放置剖视图。

（5）【剖视图】对话框中单击【铰链线】选项卡中的【反转剖切方向】按钮 ⊠ ,更改剖切方向。

（6）单击鼠标左键,放置全剖视图,结果如图 7 - 23 所示。

图 7 - 23　全剖视图

7.3.4　阶梯剖视图

阶梯剖视图也是一种全剖视图,只是阶梯剖的剖切平面一般是一组平行的平面,在工程图中,其剖切线为一条连续垂直的折线。下面通过实例介绍阶梯剖视图的创建方法,打开项目素材中的"凹模.prt",创建阶梯剖视图的步骤如图 7 - 24 所示。

微课 7.3.4

③选择螺钉孔圆心为剖切位置

⑤选择圆弧中心为剖切位置

⑧拖动鼠标至该处后单击鼠标左键

图 7 - 24　创建阶梯剖视图的步骤

（1）执行【菜单】|【插入】|【视图】|【剖视图】命令，或者单击【视图】工具条中的【剖视图】按钮 ，弹出【剖视图】对话框。设置【截面线】面板中【方法】为"简单剖/阶梯剖"。

（2）选择"俯视图"为父视图。

（3）将光标移至父视图上，选择螺钉孔圆心，左键单击，确定第一个剖切位置。

（4）选择【截面线段】面板中【指定位置】选项。

（5）在父视图上选择刃口处圆弧圆心。

（6）选择【视图原点】面板中【指定位置】选项。

（7）在【剖视图】对话框中单击【铰链线】面板中的【反转剖切方向】按钮 ，更改剖切方向。

（8）拖动鼠标至合适位置，单击鼠标左键，放置阶梯剖视图，结果如图 7 - 25 所示。

如果剖切线的位置不当，可双击图 7 - 25 所示的剖切截面线，打开【剖视图】对话框，剖切截面线出现圆点，将鼠标移至某个圆点处，在该处出现方向调整箭头，如图 7 - 26 所示，拖动箭头至适当位置即可完成剖切位置调整。

图 7 - 25　阶梯剖视图

图 7 - 26　调整阶梯剖位置

7.3.5　半剖视图

微课 7.3.5

半剖视图通常用来表达对称零件，一半剖视图表达零件的内部结构，另一半视图则可以表达零件的外形。下面通过实例介绍半剖视图的创建方法，打开项目素材中的"冷水壶盖.prt"，创建半剖视图的步骤如图 7 - 27 所示。

（1）执行【菜单】|【插入】|【视图】|【剖视图】命令，或者单击【图纸】工具条中的【剖视图】按钮 ，弹出【剖视图】对话框。设置【截面线】面板中【方法】为"半剖"。

（2）选择"俯视图"为父视图。

（3）将光标移至父视图上，选择圆心，左键单击，确定第一个剖切位置。

（4）选择外圆与 X 轴正向交点处，左键单击，确定第二个剖切位置。

（5）【剖视图】对话框中单击【铰链线】选项卡中的【反转剖切方向】按钮 ，更改剖切方向。

（6）拖动鼠标至合适位置，单击鼠标左键，放置半剖视图，结果如图 7 - 28 所示。

③选择圆心为第一剖切位置

④选择该处为
第二剖切位置

⑥拖动鼠标至该处
后单击鼠标左键

图 7 - 27　创建半剖视图的步骤　　　　　图 7 - 28　半剖视图

7.3.6　旋转剖视图

　　旋转剖视图使用了两个相交的剖切平面。下面通过实例介绍旋转剖视图的创建方法,打开项目素材中的"带轮.prt",创建旋转剖视图的步骤如图7－29所示。

微课 7.3.6

③选择该处圆心为旋转点

⑤选择该处交
点为支线2

④选择该处圆心为支线1

⑦拖动鼠标至该处后单击鼠标左键

SECTION B-B

图 7 - 29　创建旋转剖视图

（1）执行【菜单】|【插入】|【视图】|【剖视图】命令，或者单击【图纸】工具条中的【剖视图】按钮 ，弹出【剖视图】对话框。设置【截面线】面板中【方法】为"旋转剖"。

（2）选择"俯视图"为父视图。

（3）将光标移至父视图上，选择中心圆圆心，左键单击，确定旋转点。

（4）选择一个轮辐孔孔心为支线 1，如图 7-29 所示，左键单击。

（5）选择键槽与 X 轴正向的交点为支线 2，如图 7-29 所示，左键单击。

（6）【剖视图】对话框中单击【铰链线】选项卡中的【反转剖切方向】按钮 ⊠，更改剖切方向。

（7）拖动鼠标至合适位置，单击鼠标左键，放置旋转剖视图。

7.3.7　局部剖视图

局部剖视图用于表达零件某局部的内部结构。下面通过实例介绍局部剖视图的创建方法，打开项目素材中的"支承座.prt"，需要注意的是，在 UG NX 10.0 中，在创建局部剖视图之前，需要先定义和视图相关的局部剖视边界。创建局部剖视图的步骤如下。

（1）在图纸页上选择要进行局部剖的视图（本案例为主视图），右键单击，在弹出的快捷菜单中选择【活动草图视图】命令，激活要进行局部剖的视图。

（2）单击【草图】工具条中的【艺术样条】按钮 ，在要建立局部剖切的部位，绘制局部剖切的边界线，如图 7-30 所示。可以在【艺术样条】对话框的【参数化】面板中勾选"封闭的"，这样便于绘制封闭的样条曲线。单击【完成草图】按钮 ，完成样条曲线的绘制。

（3）单击【视图】工具条中的【局部剖】按钮 ，弹出【局部剖】对话框。选择主视图，再选择俯视图中孔心位置，此时出现箭头，表示剖开的方向。如图 7-31 所示。单击鼠标中键，选择封闭样条线，单击【局部剖】对话框中的【应用】按钮，完成局部剖视图的创建，结果如图 7-32 所示。

图 7-30　局部剖切的边界线

图 7-31　局部剖切的基点与剖开方向

图 7-32　局部剖视图

 技巧

如果剖切位置选择不合适，可双击样条曲线，调整控制点的位置。

7.3.8 局部放大图

局部放大图的作用是为了显示在当前视图比例下无法清楚表达的细节部分。下面通过实例介绍局部放大图的创建方法,打开项目素材中的"轴.prt",单击【视图】工具条中的【局部放大图】按钮,弹出【局部放大图】对话框,创建局部放大图的步骤如图 7 - 33 所示。

图 7 - 33　创建局部放大图的步骤

(1) 指定局部放大图边界的类型选项,例如:圆形。

(2) 指定父视图,因为该实例只有一个视图,系统默认该视图为父视图。

(3) 设置放大比例值,例如:2∶1。

(4) 定义父项上的标签,例如:内嵌。

(5) 定义边界和指定放置视图的位置。在视图区合适位置单击鼠标左键,以放置局部放大图,结果如图 7 - 34 所示。

图 7 - 34　局部放大图

7.4　编辑视图

7.4.1　编辑视图边界

微课 7.4.1

在菜单栏中选择【菜单】|【编辑】|【视图】|【边界】/命令,或者单击【视图】工具条中的【视图边界】 按钮,或者直接在要编辑的视图边界上右击,在弹出的快捷菜单中选择【边界】命令,弹出【视图边界】对话框,如图 7 - 35 所示。该对话框用于重新定义视图边界,可以缩小视图边界,只显示视图的某一部分,也可以放大视图边界,显示所有视图对象。缩小视图边界的示意图如图 7 - 36 所示。

图 7 - 35　【视图边界】对话框

图 7 - 37　【视图相关编辑】对话框

图 7 - 36　缩小视图边界的示意图

7.4.2　视图相关编辑

微课 7.4.2

在菜单栏中选择【菜单】|【编辑】|【视图】|【视图相关编辑】命令,或者单击【视图】工具条中的【视图相关编辑】按钮 ,弹出【视图相关编辑】对话框,选择需要编辑的视图,对话框中按钮被激活,如图 7 - 37 所示。

在【视图相关编辑】对话框中各主要选项的含义如下。

(1)【擦除对象】 :擦除选择的对象,如曲线、边等。擦除并不是删除,只是不可见,使用【删除擦除】命令可使对象重新显示。

(2)【编辑完整对象】 :编辑整个对象的显示方式,包括颜色、线型和线宽。

(3)【编辑着色对象】 :编辑着色对象的显示颜色。

（4）【编辑对象段】：编辑部分对象的显示方式。

（5）【编辑截面视图背景】：编辑剖视图背景线,在建立剖视图时,可以有选择地保留背景线,还可以增加新的背景线。

（6）【删除选定的擦除】：恢复被擦除的对象。

（7）【删除选定的编辑】：恢复部分对象在原视图中的显示方式。

（8）【删除所有编辑】：恢复所有对象在原视图中的显示方式。

（9）【模型转换到视图】：转换模型中单独存在的对象到指定视图中。

（10）【视图转换到模型】：转换视图中单独存在的对草到模型中。

7.4.3 定义剖面线和图案填充

单击【注释】工具条中的【剖面线】按钮，弹出【剖面线】对话框,如图
7-38 所示。单击【注释】工具条中的【区域填充】按钮，弹出【区域填充】对话
框,如图 7-39 所示。这两个对话框用于在用户定义的边界内填充剖面线或区域,或在局部
添加、修改剖面线。

微课 7.4.3

图 7-38 【剖面线】对话框 　　　图 7-39 【区域填充】对话框

（1）剖面线:用剖面阴影线类型填充边界包含的区域。

（2）区域填充:用区域类型填充边界包含的区域。

7.5 工程图标注

工程图的标注是反映零件尺寸、公差和技术要求等信息的重要方式,利用标注功能,可以在工程图上添加尺寸、形位公差、制图符号和文本注释等有关内容。

7.5.1 尺寸标注

尺寸标注用于标识对象的尺寸大小。由于 UG 工程图模块和三维实体造

微课 7.5.1

型模块是完全关联的,在工程图中进行尺寸标注是直接引用三维模型的尺寸。如果三维模型被修改,工程图中的相应尺寸会自动更新,从而保证了工程图和模型的一致性。

在【制图】应用模块中用于尺寸标注和命令位于功能区的【主页】选项卡的【尺寸】面板中,如图 7-40 所示。

图 7-40　【尺寸】面板

各种标注类型的用法如下。

(1)【快速】：系统自动根据情况判断可能标注的尺寸类型。

(2)【线性】：标注所选对象间的水平尺寸,如图 7-41 所示。

(3)【倒斜角】：标注所选对象对于国标的 45°倒角的标注,如图 7-42 所示。

(4)【周长尺寸】：创建周长约束以控制选定直线或圆弧的整体长度。

图 7-41　线性尺寸标注

(5)【径向】：标注圆或圆弧的半径或直径尺寸,如图 7-43 所示。

(6)【厚度】：标注等间距两对象之间的距离尺寸,如图 7-44 所示。

图 7-42　倒斜角尺寸标注

图 7-43　径向尺寸标注

图 7-44　厚度尺寸标注

(7)【坐标】：通过在工程图中定义一个原点作为设置距离的参考点,通过该参考点给出选择对象的水平或竖直方向的坐标,如图 7-45 所示。

(8)【角度】：标注两直线间的角度,如图 7-46 所示。

(9)【弧长】：用于标注工程图中所选圆弧的弧长尺寸,如图 7-47 所示。

图 7-45　坐标尺寸标注

图 7-46　角度尺寸标注

图 7-47　弧长尺寸标注

7.5.2　尺寸编辑

在视图中创建好尺寸后,如果某些尺寸的标注不符合国标标准或不够完善,需要对这些尺寸进行编辑操作。下面通过实例介绍尺寸编辑的方法,打开项目素材中的"凸凹模-尺寸编辑.prt"。需要编辑的尺寸如图 7-48 所示。

微课 7.5.2

（1）双击数值为"R9.82"的尺寸,在弹出的【半径尺寸】对话框中将【测量】面板中的【方法】由"径向"改为"直径",单击【半径尺寸】对话框中的【关闭】按钮,完成尺寸编辑。

（2）双击数值为"40"的尺寸,弹出【线性尺寸】对话框和编辑栏,在编辑栏中按下面步骤编辑:

① 将编辑栏中"公差"形式改为"等双向公差"。

② 在编辑栏中输入公差值为"0.01"。

③ 单击编辑栏中【文本设置】按钮 。

④ 在弹出的【设置】对话框中,设置文本【格式】为"仿宋",【高度】为"5",单击【设置】对话框中的【关闭】按钮。

⑤ 单击【线性尺寸】对话框中的【关闭】按钮,完成尺寸编辑。

（3）前面加2×ϕ,后面加公差$^{+0.024}_{0}$

（1）改为直径尺寸

（2）加公差±0.01

图 7-48　需要编辑的尺寸

（3）双击数值为"8.78"的尺寸,弹出【线性尺寸】对话框和编辑栏,按下面步骤编辑尺寸:

① 单击编辑栏中【文本设置】按钮 ,在弹出的【设置】对话框设置前缀和后缀,单击【设置】对话框中的【关闭】按钮。

② 参照尺寸"40"添加公差步骤为尺寸"ϕ8.78"添加公差。

7.5.3　插入中心线

在一些工程图设计中,可能需要为某些图形对象添加中心线。在【制图】应用模块中用于插入中心线命令位于功能区的【主页】选项卡的【注释】面板中,如图 7-49 所示。

微课 7.5.3

图 7-49　【中心线】工具条

下面介绍该下拉菜单中各个选项的含义。

(1)【中心标记】⊕：在选取的点或圆弧上插入中心线。

(2)【螺栓圆中心线】：为圆周分布的螺纹孔或控制点插入带孔标记的环形中心线。

(3)【圆形中心线】○：在沿圆周分布的对象上产生环形中心线。

(4)【对称中心线】：在选取的对象上产生对称中心线。

(5)【2D 中心线】：在长方体对象上创建中心线。

(6)【3D 中心线】：在选取的对象上产生圆柱中心线。

(7)【自动中心线】：根据所选对象的类型，由系统自动判断中心线类型。

(8)【偏置中心点符号】：创建偏置中心点符号，该符号表示某一圆弧的中心，该中心处于偏离其真正中心的某一位置。

下面通过实例介绍插入中心线的方法，打开项目素材中的"带轮-插入中心线.prt"。需要插入的中心线如图 7-50 所示。

(1)单击【注释】工具条中【中心标记】按钮右侧的 ▼，在下拉列表中选择【2D 中心线】命令，在弹出的【2D 中心线】对话框设置相关参数，选择需要添加"2D 中心线"的两条边，如图 7-51 所示，调整中心线两边的伸出长度，单击【应用】按钮，完成"2D 中心线"的添加。

图 7-50　需要插入的中心线

图 7-51　添加"2D 中心线"

(2)在【中心标记】下拉列表中选择【螺栓圆中心线】命令，在弹出的【螺栓圆中心线】对话框设置相关参数，选择需要添加"螺栓圆中心线"的三个圆(六个圆中任选三个即可)，单击【确定】按钮，完成"螺栓圆中心线"的添加。

7.5.4　文本注释

文本注释是工程图的重要内容。下面通过实例介绍插入文本注释的方法，打开项目素材中的"凸模.prt"。需要插入的文本注释如图 7-52 所示。

微课 7.5.4

单击【注释】工具条中的【注释】按钮Ⓐ，弹出【注释】对话框。在该对话框中，可以直接创建和编辑文本，也可以利用【符号】面板的【类别】下拉列表中的制图、形位公差等创建制图符号和形状位置公差符号等。在【注释】对话框的【文本输入】选项组的文本框中输入新注释文本,如果需要编辑文本,可以展开【编辑文本】子选项组来进行相关的编辑操作。确定要输入的注释文本后,在图纸页上指定原点位置后即可将注释文本插入到该位置。

图 7 - 52　插入的文本注释

7.5.5　形位公差标注

继续以项目素材中的"凸模.prt"为案例,在创建文本注释的基础上,标注如图 7 - 53 所示的形位公差。

微课 7.5.5

图 7 - 53　标注的形位公差

（1）创建基准特征符号

单击【注释】工具条中的【基准特征符号】按钮，弹出【基准特征符号】对话框。在【指引线】面板的【类型】下拉列表框中确保选择【基准】选项,在【基准标识符】面板的"字母"文本框中确保字母为"A",其他选项设置采用默认,在图中单击鼠标左键选择"φ10"圆柱面,并拖动光标至合适位置,再次单击鼠标左键,创建基准特征符号。

（2）标注几何公差

单击【注释】工具条中的【特征控制框】按钮，弹出【特征控制框】对话框。在【框】面板的【特性】中选择"同轴度";【框样式】中选择"单框";【公差】中选择"公差"为"φ",在数值文本框中输入"0.02";【第一基准参考】中选择"A"。在图中单击鼠标左键选择"φ8.68"尺寸并拖动拖出指引线,至合适位置,再次单击鼠标左键,完成几何公差标注。

7.5.6 表面粗糙度标注

微课 7.5.6

表面粗糙度为表示工程图中对象的表面粗糙程度的指标。继续以项目素材中的"凸模.prt"为案例,在创建文本注释和形位公差的基础上,标注如图7-54 所示的粗糙度。

图 7 - 54 标注表面粗糙度

(1)单击【注释】工具条中的【表面粗糙度符号】按钮 √ ,弹出【表面粗糙度】对话框。在【属性】面板【除料】中选择"需要移除材料",【下部文本】文本框中输入"0.4",其他选项按系统默认值,在直径为"φ8.68"的圆柱面上合适位置,单击鼠标左键,创建表面粗糙度标注。

(2)按上述方法创建直径为"φ10"的圆柱面的表面粗糙度,在【表面粗糙度】对话框中设置相关参数,注意:此处的角度设置为"180°",勾选"反转文本"选项。

7.5.7 添加图框、标题栏

绘制一张完整的工程图,图框是必不可少的。将图框绘制成图样文件,在需要时可以随时调用,就会方便很多。

添加图框的主要步骤如下。

(1)创建标题栏图样

在制图模块中,利用直线、矩形和注释等命令创建标题栏,如图7-55 所示。执行【菜单】|【文件】|【选项】|【保存选项】命令,弹出【保存选项】对话框,再选择【仅图样数据】选项,单击【确定】按钮,关闭对话框。

制图		数量			比例	
校核					材料	
图号						

图 7 - 55 创建标题栏

（2）创建图框图样

国家标准规定的图纸规格有 5 种：A4—210 × 297、A3—297×420、A2—420×594、A1—594×841、A0—841 ×1189。这里以创建 A4 图纸为例。执行【菜单】|【文件】|【选项】|【保存选项】命令,弹出【保存选项】对话框,再选择【仅图样数据】选项,单击【确定】按钮,关闭对话框。

（3）调用图样

执行【菜单】|【文件】|【导入】|【部件】命令,弹出【导入部件】对话框,单击【确定】按钮,转换为另一个【导入部件】对话框,选择其中的图样文件,单击【OK】按钮,弹出【点】对话框,输入调用点的坐标,单击【确定】按钮,即可调用现有的图样。在菜单栏中选择【文件】|【另存为】命令,以文件名 A4.prt 保存文件。

（4）更改 UG 软件自带的图框模板

UG 软件自带的图框模板往往不能满足使用者的要求,可以把 UG 软件自带的图框模板用自己建好的图框模板替代。下面以 A4 模板为例介绍创建方法。

① 在工程图模块绘制图框模板。

② 保存成名为"A4-noviews-template.prt"的文件。（与 UG 软件自带的图框模板文件同名）

③ 用自己创建的名为"A4-noviews-template.prt"的文件,替代 UG 软件自带的图框模板。

要点

UG NX 软件自带的图框模板的存储路径：

D(安装盘符,有可能不同)：\Program\ug10\LOCALIZATION\prc\simpl_chinese\startup 及 D(安装盘符,有可能不同)：\Program\ug10\LOCALIZATION\prc\english\startup 中。

▶ **任务 7 - 1　创建模柄工程图** ◀

任务描述

微课任务 7 - 1

创建如图 7 - 56 所示的模柄工程图。

任务分析

模柄属于模具中典型的轴套类零件,采用主视图就可以把模柄的结构形状表达清楚。

相关知识

视图表达方法;添加基本视图;局部剖视图;标注尺寸;文本注释;形位公差标;表面粗糙度;添加图框和标题栏等。

图7-56 模柄工程图

※STEP 1 打开项目素材中的模柄原文件"模柄.prt",进入UG NX 10.0建模模块。

※STEP 2 进入制图模块

在建模模块界面中单击功能区的【应用模块】标签,切换到【应用模块】选项卡,在选项卡的"设计"面板中单击选中【制图】按钮 ⚒ ,切换到【制图】应用模块。

※STEP 3 新建图纸

单击【新建图纸页】按钮 🗔 ,弹出【图纸页】对话框,设置图纸大小,如图7-57所示。(此时已用自己建好的图框模板替代了UG软件自带的图框模板),单击【确定】按钮,创建的图纸页如图7-58所示。

图 7-57 【图纸页】对话框　　　　图 7-58　创建的图纸页

※STEP 4 设置制图首选项

执行【菜单】|【首选项】|【制图】命令，打开【制图首选项】对话框。如图 7-59 所示设置。

(a)【公共】选项组中【文字】设置　　　　(b)【视图】选项组中【工作流】设置

(c)【公差/文本】选项组中【单位】设置　　　　(d)【公差/文本】选项组中【附加文本】设置

(e)【公差/文本】选项组中【尺寸文本】设置　　　(f)【公差/文本】选项组中【公差文本】设置

图 7-59　【制图首选项】设置

 要点

设置【公差/文本】的【附加文本】【尺寸文本】和【公差文本】时,一定要去除勾选【应用于整个尺寸】复选框,否则三者不能单独设置,改动其中一项时,另外两项也随之改动。

※STEP 5　添加主视图

单击【图纸】工具条中的基本视图按钮，弹出【基本视图】对话框,在【模型视图】面板【要使用的模型视图】中选择"前视图",在【比例】面板中选择"1:1",在图纸页的合适位置放置主视图,如图 7-60 所示。

※STEP 6　添加局部剖视图

(1) 在图纸页上将光标移至主视图的边界上,右键单击鼠标,在弹出的快捷菜单中选择【活动草图视图】命令,激活主视图。

(2) 单击【草图】工具条中的【艺术样条】按钮 ，在要建立局部剖切的部位,绘制局部剖切的边界线,如图 7-61 所示。单击【完成草图】按钮 ，完成样条曲线的绘制。

(3) 单击【视图】工具条中的【局部剖视图】按钮 ，弹出【局部剖】对话框。选择主视图,再选择中心线与上边线

图 7-60　主视图

的交点作为基点,单击鼠标中键,选择封闭样条线,单击【局部剖】对话框中的【应用】按钮,完成局部剖视图的创建,结果如图 7-62 所示。

※STEP 7　标注尺寸

(1) 单击【尺寸】工具条中的【快速】按钮 ，弹出的【快速尺寸】对话框,在【测量】下拉列表中选择"圆柱坐标系",标注圆柱尺寸"$\phi50$""$\phi42$""$\phi40$""$\phi11$",如图 7-63 所示。

图 7-61　局部剖切边界线　　图 7-62　局部剖视图　　图 7-63　圆柱尺寸标注

（2）在【快速尺寸】对话框中，将【测量】选项组切换到"竖直"，标注尺寸"6""2""30""60"
"2"，如图 7-64 所示。

（3）在【快速尺寸】对话框中，将【测量】切换到"斜角"，标注尺寸"45°""30°"。

（4）在【快速尺寸】对话框中，将【测量】切换到"水平"，标注尺寸"1"，单击【关闭】按钮，
退出"快速"尺寸标注。

（5）单击【尺寸】工具条中的【倒斜角】按钮 ，标注两处倒斜角尺寸"1×45°"，创建斜
角、水平、倒斜角尺寸的结果如图 7-65 所示。

图 7-64　竖直尺寸标注　　　图 7-65　斜角、水平、倒斜角尺寸标注

※STEP 8 添加尺寸公差

（1）双击尺寸"φ42"，在弹出的编辑栏中更改"公差"形式改为"双向公差"，在编辑栏中输
入公差值为"0.025"和"0.009"，单击【线性尺寸】对话框中的【关闭】按钮，完成尺寸"φ42"的编辑。

（2）用相同方法对尺寸"$\phi 40$"及"6"进行编辑，添加公差，结果如图7-66所示。

※STEP 9 添加形位公差

（1）创建基准特征符号

单击【注释】工具条中的【基准特征符号】按钮 ，弹出【基准特征符号】对话框，在【指引线】面板的【类型】下拉列表框中确保选择【基准】选项，在【基准标识符】面板的"字母"文本框中确保字母为"A"，其他选项设置按系统默认，在图中单击鼠标左键选择"$\phi 42$"尺寸并拖动光标至合适位置，再次单击鼠标左键，完成基准特征符号标注。

（2）标注几何公差

单击【注释】工具条中的【特征控制框】按钮 ，弹出【特征控制框】对话框，在【框】面板的【特性】中选择"圆跳动"；【框样式】中选择"单框"；【公差】中选择"公差"为"无"，在【数值】文本框中输入"0.025"；【第一基准参考】中选择"A"。其他选项设置按系统默认，在图中单击鼠标左键选择"$\phi 50$"圆柱上平面并拖动拖出指引线，至合适位置，再次单击鼠标左键，从而完成几何公差标注，添加形位公差结果如图7-67所示。

图7-66　添加尺寸公差　　　　　图7-67　标注几何公差

※STEP 10 标注表面粗糙度

单击【注释】工具条中的【表面粗糙度符号】按钮 √，弹出【表面粗糙度】对话框。在【属性】面板的【除料】中选择"需要移除材料"，【下部文本】文本框中输入"0.8"，【设置】选项组的【角度】文本框中输入"270°"其他选项按系统默认值，在直径为"$\phi 42$"的圆柱面上合适位置，单击鼠标左键，创建第一处表面粗糙度标注。

按上述方法创建另外两处表面粗糙度，结果如图7-68所示。另外将图纸右上角的"其余"粗糙度值设为"6.3"。

※STEP 11 填写文本注释

单击【注释】工具条中的【注释】按钮 Ａ，弹出【注释】对话框，在该对话框中的【文本输入】面板的文本框中输入"技术条件：按JB/T 7653—1994 的规定"，在图纸页合适位置单击，确定原点位置后即可完成注释文本的填写，结果如图7-69所示。

图 7 - 68　标注粗糙度

技术要求：按JB/T7653-1994的规定

图 7 - 69　填写文本注释

※STEP 12 填写标题栏

填写标题栏中相关内容，如图 7 - 70 所示。

标记	处数	分区	更改文件号	签字	年、月、日	Q235		XX学院
设计	XXX		标准化					模柄
						阶段标记	数量	比例
审核								XXX
工艺			批准			共　张　第　张		

图 7 - 70　添加图框、标题栏

任务总结

利用添加基本视图、局部剖视图、标注尺寸及公差、形位公差、表面粗糙度、添加文本注释等命令,创建模柄工程图。

任务7-2　创建垫片复合模上模装配工程图

任务描述

根据如图 7-71 所示的垫片复合模上模装配三维模型,创建如图 7-72 所示的上模装配工程图。

微课任务 7-2

图 7-71　垫片复合模上模装配三维模型

图 7-72　垫片复合模上模装配工程图

任务分析

　　先创建视图,上模装配工程图可用两个视图表达,基本视图(俯视图)表达组件的外形及部分零件的位置,阶梯剖视图(主视图)表达各零件的装配位置;再进行视图的编辑和修改,使之符合制图的国家标准;最后创建明细表,为组件添加零件序号。

相关知识

　　视图表达方法;添加基本视图;阶梯剖视图;视图编辑和修改;添加、编辑明细表;添加编辑零件序号等。

任务实施

※STEP 1 创建视图

　　(1) 打开项目素材中的垫片复合模上模装配文件"垫片复合模上模装配\垫片复合模上模装配.prt",进入 UG NX 10.0 建模模块。

　　(2) 在建模模块界面中单击功能区的【应用模块】标签,切换到【应用模块】选项卡,在选项卡的【设计】面板中单击选中【制图】按钮,切换到【制图】应用模块。

　　(3) 单击【新建图纸页】按钮,弹出【图纸页】对话框,设置图纸【大小】为"使用模板"(此时已用自己建好的图框模板替代了 UG 软件自带的图框模板),在【大小】下拉列表中选择"A2-装配无视图",单击【确定】按钮。

　　(4) 单击【图纸】工具条中的基本视图按钮,弹出【基本视图】对话框,在图纸页的合适位置放置俯视图,如图 7-73 所示。

图 7-73 俯视图

(5)将俯视图的隐藏线设为"虚线"显示,以便捕捉剖切位置时能准确剖到凸模。

(6)单击【图纸】工具条中的【剖视图】按钮 ▥,弹出【剖视图】对话框。设置【截面线】面板中【方法】为"简单剖/阶梯剖",选择"俯视图"为父视图,将光标移至父视图上,选择导柱孔中心,左键单击,确定第一个剖切位置。单击【截面线段】面板中【指定位置】选项,在父视图上依次选择销孔中心、凸模中心、打杆中心。单击【视图原点】面板中的【指定位置】选项,拖动鼠标至合适位置,单击鼠标左键,放置阶梯剖视图。

(7)调整剖切位置至理想状态,将隐藏线设为"不可见"显示,更新后的视图如 7-74 所示。

※STEP 2 编辑视图

(1)将剖视图中的轴类零件设为非剖切零件执行【菜单】|【编辑】|【视图】|【视图中剖切】命令,打开【视图中剖切】对话框,在【视图列表】中选择"SX@4"(剖视图),在【体或组件】面板中单击【选择对象】,在装配导航器中选取"打杆""上模螺钉""上模销钉"及"凸模"四个组件,在【操作】面板中选择"变成非剖切",单击【确定】按钮,结果如图 7-75 所示。

(2)修改上垫板零件的剖面线双击上垫板上的剖面线,打开【剖面线】对话框,修改【设置】面板中的【角度】文本框中输入"135",单击【确定】按钮,结果如图7-76 所示。

图 7-74 更新视图

图 7-75 将轴类零件设为非剖切零件　　　　图 7-76 调整上垫板剖面线的角度

※STEP 3 创建明细表

(1)执行【菜单】|【首选项】|【制图】,打开【制图首选项】对话框,选择【公共】|【文字】,设置【文本参考】面板中字体为"仿宋",【高度】为"5",【宽高比】为"0.7";选择【表】|【公共】|【表区域】,设置【格式】面板中的【对齐位置】为"左下";选择【表】|【公共】|【单元格】,设置【边界】面板中的线宽为"0.35",单击【确定】按钮。

(2)单击【表】工具条中的【零件明细表】按钮 ▦,在绘图区合适位置单击,放置零件明

PC NO	PART NAME	QTY
11	模柄	1
10	打杆	1
9	导套	2
8	上模螺钉	4
7	上模销钉	2
6	推件块	1
5	凹模	1
4	凸模	4
3	凸模固定板	1
2	上垫板	1
1	上模座	1
PC NO	PART NAME	QTY

图 7-77 创建明细表

细表,如图 7-77 所示。

 提示

如果在创建明细表时弹出"当打开 UGII_UPDATE_ALL_ID_SYMBOLS_WITH_PLIST 变量时,不能创建多个零件明细表。要创建其他零件明细表,请将该变量设为 0。"的错误提示时,可单击"我的电脑"→单击鼠标右键→"属性"→单击弹出页面左侧的"高级系统设置"→在弹出的【系统属性】对话框中选择"高级"/"环境变量"→"新建",在【新建系统变量】对话框中,输入变量名为"UGII_UPDATE_ALL_ID_SYMBOLS_WITH_PLIST",变量值为 0,重新启动 UG NX 10.0。

※STEP 4 编辑明细表

(1) 删除明细表第一行选取明细表第一行,在边框处右键单击,在弹出的列表中选择【删除】按钮 ✕,将第一行删除。

(2) 在明细表插入列选取明细表的"上模座"单元格,单击鼠标右键,在下拉列表菜单中选择【选择】|【列】,再次选择"上模座"单元格,单击鼠标右键,在下拉列表菜单中选择【插入】|【在左侧插入列】,结果如图 7-78 所示。

(3) 重复插入列重复上述操作,在明细表的右侧再插入四列,结果如图 7-79 所示。

11		模柄	1
10		打杆	1
9		导套	2
8		上模螺钉	4
7		上模销钉	2
6		推件块	1
5		凹模	1
4		凸模	4
3		凸模固定板	1
2		上垫板	1
1		上模座	1

图 7-78 插入列(一)

11		模柄	1				
10		打杆	1				
9		导套	2				
8		上模螺钉	4				
7		上模销钉	2				
6		推件块	1				
5		凹模	1				
4		凸模	4				
3		凸模固定板	1				
2		上垫板	1				
1		上模座	1				

图 7-79 插入列(二)

(4) 调整列的宽度选中明细表,将其移动,使明细表左下角与制图模板中的明细表首行对齐,如图 7-80 所示。依次选择明细表的每一列,将其与制图模板中的明细表列对齐,结果如图 7-81 所示。

(5) 添加上模座零件的材料属性在【装配导航器】中选择"上模座",单击鼠标右键,在下拉菜单中选择【属性】,在弹出的【组件属性】对话框中选择【属性】选项卡,单击【新建属性】按钮 🗋,【标题/别名】输入"材质",【值】输入"HT200",单击【确定】按钮。

(6) 添加其他零件的材料属性重复上述操作,为其他零件添加材料属性。

(7) 填写明细表中材料列选取明细表的"材料"列中的任意一个单元格,单击鼠标右键,在下拉列表菜单中选择【选择】|【列】,再次选择"材料"列,单击鼠标右键,在下拉列表菜单中

选择【设置】,打开【设置】对话框,选择【列】,单击【属性名称】文本框右侧的 按钮,在弹出的【属性名称】对话框中选择"材质",单击【确定】按钮,结果如图 7-82 所示。

11		模柄	1			
10		打杆	1			
9		导套	2			
8		上模螺钉	4			
7		上模销钉	2			
6		推件块	1			
5		凹模	1			
4		凸模	4			
3		凸模固定板	1			
2		上垫板	1			
1		上模座	1			

图 7-80　明细表左下角对齐

11		模柄	1			
10		打杆	1			
9		导套	2			
8		上模螺钉	4			
7		上模销钉	2			
6		推件块	1			
5		凹模	1			
4		凸模	4			
3		凸模固定板	1			
2		上垫板	1			
1		上模座	1			

图 7-81　明细表对齐

如果需要填写明细表中其他列的内容,可参考填写材料列的步骤。

※STEP 5 装配图添加序号

添加自动符号标注把光标放在明细表左上角处,明细表全部变成黄色后,单击鼠标右键,在下拉菜单中选中【自动符号标注】命令。在弹出的【零件明细表自动符号标注】对话框中选择主视图,单击【确定】按钮,结果如图 7-83 所示。

※STEP 6 编辑序号

(1)调整序号① 位置双击"序号① ",弹出【符号标注】对话框,重新指定"原点"位置和"指引线"位置,结果如图 7-84 所示。

11		模柄	1	Q235		
10		打杆	1	45		
9		导套	2	20		
8		上模螺钉	4	45		
7		上模销钉	2	45		
6		推件块	1	45		
5		凹模	1	Cr12		
4		凸模	4	Cr12		
3		凸模固定板	1	Q235		
2		上垫板	1	45		
1		上模座	1	HT200		

图 7-82　填写材料列

图 7-83　添加自动符号标注

图 7-84　修改序号① 标注位置

（2）调整其他序号的位置重复上述操作，调整其他序号位置，结果如图 7-85 所示。

提示

序号在视图两侧近似排成一列，间距相近，引出线不允许交叉。

（3）序号重新排序的位置单击【制图工具—GC 工具箱】工具条中的【编辑零件明细表】按钮 🔧，然后选中明细表，打开【编辑零件明细表】对话框，选中"凹模"，单击【向上】按钮 ⬆，将其排在第一位，选中【更新件号】按钮，单击【应用】按钮，完成"凹模"的重新排序。

（4）重复上述步骤，将需要的零件重新排序，结果如图 7-86 所示。至此，本案例已完成。

图 7-85 修改序号标注位置　　　　　图 7-86 序号重新排序

任务总结

装配工程图的视图设置和编辑操作与零件工程图基本相同，但要增加明细表的添加和编辑。此外，装配工程图中常用到非剖零件的设置。

 习　题

项目习题

项目 8

注塑模具 CAD

知识目标

（1）了解模架类型的适用场合，能够合理选择和添加标准模架。

（2）熟悉注塑模设计的一般流程。

（3）掌握自动分模方法，能够根据产品模型的形状和结构，为其创建合理的分型线、分型面，以及生成型腔和型芯。

（4）掌握顶出系统、浇注系统和冷却系统的创建方法。

技能目标

能够利用 UG 软件的注塑模模块，熟练设计一般复杂程度的、典型的塑料产品的模具。

项目描述

本项目先是典型塑料件为载体，介绍利用 UG NX 10.0 的注塑模模块进行自动分型的方法，包括自动分型中补孔等工具的使用，创建分型线、分型面，生成型腔和型芯的方法与操作技巧。然后以一个典型塑件模具设计的一般流程（包括分型、添加标准模架和标准件、创建顶出系统、浇注系统和冷却系统等）为载体，介绍注塑模具设计的全过程。

相关知识

8.1 注塑模具的基本结构

注塑模的基本结构主要由成型部件、浇注系统、冷却系统、模架及标准件等组成。

（1）成型部件

成型部件是注射模具的关键部分，主要包括型腔和型芯。型芯形成制品的内表面形状，型腔形成制品的外表面形状，如图 8-1 所示。如果塑件较复杂，则模具中还需要有滑块、销等成型零件，如图 8-2 所示。

（2）浇注系统

浇注系统又称为流道系统，它是将塑料熔体由注塑机喷嘴引向型腔的一组进料通道，通常由主流道、分流道、浇口和冷料穴组成，如图 8-3 所示。

（3）冷却系统

在注射成型周期中，注射模具的冷却时间约占三分之二，因此，常在模具型腔、型芯及模板上开设冷却水道进行冷却，如图 8-4 所示。

（4）模架及标准件

标准模架一般由定模座板、定模板、动模板、动模支承板、垫块、动模座板、推杆固定板、推板、导柱、导套及复位杆等组成，如图 8-5 所示。

图 8-1　注塑模的成型部件图

图 8-2　注塑模的成型部件图（带滑块）

图 8-3　注塑模的浇注系统

图 8-4　注塑模的冷却系统

图 8-5　注塑模的模架系统

8.2　注塑模向导模块设计模具的流程

注塑模向导模块是 UG 的一个重要的模块，专门用于注塑模具的设计，该模块功能强大、操作方便，对于模具设计有一套基本固定的流程：

项目初始化→设置模具坐标系→设定产品收缩率→创建工件→布局→分型（创建型腔和型芯）→添加标准模架→选择添加标准件→镶件、侧向分型抽芯机构的设计→浇注系统、冷却系统的设计。

8.3　注塑模向导模块

Mold Wizard（注塑模向导）是集成于 UG NX 10.0 中的专门用于注射模具设计的应用模块。该模块配有常用的模架和标准件库，用户可方便地在模具设计中调用。Mold Wizard 具有强大的模具自动分型功能，显著提高了模具设计效率。另外，Mold Wizard 10.0 还具有强大的镶件及电极设计功能，用户可应用它进行快速的镶件及电极设计。

打开要进行模具设计的塑料件，此时处于建模工作环境，单击功能区的【应用模块】标签，切换到【应用模块】选项卡，如图 8-6 所示。接着在选项卡的【特定于工艺】面板中单击选中【注塑模】按钮 ，便快速切换到【注塑模向导】应用模块。

图 8-6　【应用模块】选项卡

【注塑模向导】工具条如图 8-7 所示。

图 8-7　【注塑模向导】工具条

要点

【注塑模向导】模块作为一个独立的模块需要专门安装，否则有些功能不能用。

下面以典型塑件为案例，介绍塑件的分模设计。

任务 8-1　遥控器外壳分模设计

任务描述

如图 8-8 所示为遥控器外壳塑件，其材料为"ABS"，完成分模设计，生成型腔、型芯。

任务分析

从产品的结构形状看，分型面在底面，顶出方向垂直向上，产品上的所有孔均可在分型方向上成型，无须侧向抽芯，分型时孔需要修补。

微课任务 8-1

图 8-8　遥控器外壳模型

相关知识

初始化项目;定义模具坐标系;定义工作;型腔布局;修补曲面;创建分型面;创建型芯、型腔等。

任务实施

※STEP 1 打开源文件,进入注塑模向导模块

双击项目素材中的"遥控器外壳.prt",直接打开 UG NX 10.0 软件,并进入建模模块。单击功能区的【应用模块】标签,切换到【应用模块】选项卡,在选项卡的【特定于工艺】面板中单击选中【注塑模】按钮 ▧,切换到【注塑模向导】应用模块。

※STEP 2 初始化项目

初始化项目命令可以设置创建模具装配的目录以及相关文件的名称,并载入需要进行模具设计的产品零件,是使用注塑模向导模块进行模具设计的第一步。

单击【注塑模向导】工具条中的【初始化项目】按钮 ▧,弹出如图 8-9 所示的【初始化项目】对话框。在该对话框中会直接显示产品的文件路径和名称。设置产品【材料】为"ABS",【收缩率】为"1.006",【项目单位】为"毫米"。单击【确定】按钮,完成项目的初始化工作,生成的装配树如图 8-10 所示。

图 8-9 【初始化项目】对话框   图 8-10 装配树

方案初始化的过程复制了两个装配结构,方案装配结构和产品装配结构。方案装配结构后缀为 top、layout、misc、fill、cool,产品装配结构包含在 layout 的节点下,后缀为 prod、combined。

下面介绍各后缀的含义。

① top:方案的总文件,包含并控制装配组件和模具设计的一些相关数据。

② layout:用于排列 prod 节点的位置,多腔和多件模有多个分支来排列各个 prod 节点的位置。

③ misc:用来排列不是独立的标准件部件,如定位环、锁模块等,放置通用标准件。

④ fill:用于创建流道和浇口的实体,该实体用来在镶件或模板上挖槽,放置流道和浇口组件。

⑤ cool：用于创建冷却的几何实体，该实体用来在镶件或模板上挖槽，放置冷却系统部件。

⑥ var：包含模架和标准用到的表达式。

※STEP 3 设定模具坐标系

注塑模向导模块规定 XC－YC 平面是模具装配的主分型面，模具坐标系的原点位于型腔、型芯接触面的中心，ZC 轴方向为顶出方向。模具坐标系的功能是把当前产品工作坐标系的原点平移到模具绝坐标系的原点上，使绝对坐标系原点在分型面上。

（1）分析产品开模方向，现 XC－YC 面为产品最大面，ZC 轴方向即为顶出方向，因此不需要旋转坐标系。

（2）单击【主要】工具条中的【模具 CSYS】按钮，弹出【模具 CSYS】对话框，选中【选定面的中心】单选按钮，在绘图区选择遥控器的下平面，单击【确定】按钮，使产品的工作坐标原点和模具绝对坐标原点重合。如图 8－11 所示。

(a) 坐标系调整前　　　　　　　　(b) 坐标系调整后

图 8－11　调整坐标系

在产品设计过程中为了设计的方便，有时设计产品不一定考虑到开模方向，所以在调入产品后，往往需要重新定义模具坐标系使其保持一致。在定义模具坐标系前用户可通过【菜单】|【格式】|【WCS】|【动态 WCS】选项来重新定位产品零件的坐标，将工作坐标系的原点移到分型面上，然后再定义模具坐标系。

例如：打开项目素材中的"名片盒\名片盒_top_000.prt"，这个是初始化后生成的总装文件，如图 8－12 所示。该塑件口部向上，需要将塑件绕 XC 轴旋转 180°，再进行后面的分型操作，执行【菜单】|【格式】|【WCS】|【旋转】选项，弹出【旋转 WCS 绕…】对话框，如图8－13所示。选择【＋XC 轴：YC→ZC】选项，在【角度】文本框中输入旋转角度"180"，单击【确定】按钮，则产品坐标系重新定位，如图 8－14 所示。

调整前Z
轴向上

调整后Z
轴向下

图 8－12　名片盒总装　　图 8－13　【旋转 WCS 绕…】对话框　　图 8－14　重新定位产品坐标系

※STEP 4 定义收缩率

如果在"项目初始化"过程中已经设置了产品模型的收缩率，则此处不再需要设置收缩率；如果前面没有设置收缩率，或要求产品不按"均匀"方式收缩时，则需要重新设置收缩率。本案例在初始化是已设置了收缩率，因此这步可略去。

※STEP 5 定义工件

工件是用来生成模具的型芯和型腔的实体,工件尺寸的确定以型芯、型腔及标准模架的尺寸为依据。

单击【注塑模向导】工具条中的【工件】按钮 ,弹出【工件】对话框,用户可单击该对话框中的【绘制截面】按钮进入草图环境,以修改或绘制工件图的截面草图,或直接双击工件上的尺寸,在弹出的尺寸框中进行修改,也可保持默认设置,然后在【限制】选项中设置"开始"和"结束"距离,单击【确定】按钮,完成工件的定义,如图 8-15 所示。

图 8-15 定义工件

※STEP 6 型腔布局

单击【注塑模向导】工具条中的【型腔布局】按钮,弹出如图 8-16 所示的【型腔布局】对话框。在该对话框中选择【矩形】布局,【平衡】方式,设置【指定矢量】为"YC轴"方向,【型腔数】为"2"。单击【开始布局】按钮,再单击【自动对准中心】按钮,创建两个型腔,如图 8-17 所示。

图 8-16 【型腔布局】对话框

图 8-17 创建的两个型腔

※STEP 7 检查区域

检查区域的主要功能是完成产品模型上的型腔区域面/型芯区域面的定义和对产品模型进行区域检查分析,包括对产品模型的脱模角度进行分析和内部孔是否修补等。

(1) 单击【分型刀具】工具条中的【检查区域】按钮 🛆 ,弹出【检查区域】对话框,如图 8-18 所示,并显示开模方向,如图 8-19 所示。

图 8-18 【检查区域】对话框(一)

图 8-19 开模方向

(2) 在【检查区域】对话框中单击【计算】按钮,系统开始对产品模型进行分析计算。单击【检查区域】对话框中的【面】选项卡,可以查看分析结果,如图 8-20 所示。

(3) 在【检查区域】对话框中单击【区域】选项卡,如图 8-21 所示。单击【设置区域颜色】按钮,设置各区域颜色,同时会在模型中以不同的颜色显示出来。

图 8-20 【检查区域】对话框(二)

图 8-21 【检查区域】对话框(三)

从图 8-21 中可看到"未定义的区域"共有 28 个,均为"交叉竖直面",如图 8-22 所示。

(4) 勾选图 8-21 中"交叉竖直面"前面的复选框,把如图 8-22 所示的 28 个未定义的区域指派给"型腔区域",此时,【检查区域】对话框中,【未定义的区域】显示为 0,这时已全部定义型芯和型腔区域。其他参数为默认设置,单击【确定】按钮,关闭【检查区域】对话框,结果如图 8-23 所示。

未定义的
交叉竖直面

图 8-22 未定义的"交叉竖直面"

图 8-23 完成定义区域结果

※STEP 8 曲面补片

对于有通孔、槽等结构的产品模型,在分模设计时,需将产品模型内部的开放区域进行修补,从而使型腔面和型芯面分别成为一个或多个封闭的区域。该修补操作可在抽取型芯和型腔区域之前的任意阶段进行。

单击【分型刀具】工具条中的【曲面补片】按钮 ◇,弹出如图 8-24 所示【边修补】对话框。边修补工具可以通过面、体和移刀(边线)三种类型完成孔的修补。本案例中【类型】选择"体",选择工件作为体,单击【确定】按钮,完成曲面修补,如图 8-25 所示。

图 8-24 【边修补】对话框

图 8-25 曲面修补结果

※STEP 9 定义区域

执行"定义区域"命令后,系统会根据前面的设置自动搜索边界面和修补面,再将这些区域分配给型腔和型芯,从而使型腔区域和型芯区域分离。

单击【分型刀具】工具条中的【定义区域】按钮 ,弹出【定义区域】对话框。在【设置】选项下选中【创建区域】和【创建分型钱】复选框,单击【确定】按钮,完成型腔/型芯区域和分型线的创建。

※STEP 10 创建分型面

通过分型面可将工件分割成型腔和型芯两部分,分型面的创建是建立在分型线的基础上来完成的,而分型线的形状将直接决定分型面创建的难易程度。

(1) 单击【分型刀具】工具条中的【设计分型面】按钮 ,弹出【设计分型面】对话框,如图 8-26 所示,同时绘图区显示系统默认的分型面,如图 8-27 所示。

（2）选中分型线四周的圆点，拖动分型面，调整大小，保证分型面大于工件体。

（3）单击【设计分型面】对话框中的【确定】按钮，完成分型面的创建。

※STEP 11 创建型腔、型芯

在完成上面的操作后，使用"定义型腔和型芯"命令，便可将型腔和型芯区域分别缝合成片体来分割工件，如分割成功，将显示生成的型腔和型芯片体。

（1）单击【分型刀具】工具条中的【定义型腔和型芯】按钮，弹出【定义型腔和型芯】对话框。

（2）在【区域名称】选项组中选择【所有区域】选项，单击【应用】按钮。打开【查看分型结果】对话框，型腔零件如图8－28(a)所示。单击【查看分型结果】对话框中的【确定】按钮，再打开【查看分型结果】对话框，型芯零件如图8－28(b)所示。

（3）退出【定义型腔和型芯】对话框后，可以在"窗口"中切换显示部件。

（4）选择【文件】|【全部保存】命令，保存文件。

图 8－26　【设计分型面】对话框

图 8－27　分型面

(a) 型腔效果　　　　(b) 型芯效果

图 8－28　创建型腔和型芯

要点

模具项目由多个部件文件组成，保存的时候要保证全部保存。通常选择【文件】|【全部保存】命令。

任务总结

本案例较为简单，通过本案例，应熟悉利用注塑模向导模块实现自动分型操作的全过程，理解分型原理，为后续较复杂塑件的分型做准备。

任务 8-2　上盖分模设计——利用引导线生成分型面

微课任务 8-2

任务描述

如图 8-29 所示为上盖塑件,其材料为尼龙,完成分模设计,生成型腔、型芯。

任务分析

从产品的结构形状看,分型面在底面,与"遥控器"案例不同的是底面带有阶梯,分型时系统不能直接生成分型面,需要手动生成引导线,再生成分型面。

图 8-29　上盖模型

相关知识

初始化项目;定义模具坐标系;定义工作;型腔布局;修补曲面;编辑分型线;创建分型面;创建型芯、型腔等。

任务实施

※STEP 1 打开源文件,进入注塑模向导模块

双击项目素材中的"上盖.prt",直接打开 UG NX 10.0 软件,进入建模模块,切换到【注塑模向导】应用模块。

※STEP 2 初始化项目

※STEP 3 设定模具坐标系

选择【当前 WCS】选项。

※STEP 4 定义收缩率

※STEP 5 定义工件

※STEP 6 型腔布局

采用沿"YC 轴"方向平衡布局,一模两腔的形式。

※STEP 7 检查区域

※STEP 8 曲面补片

※STEP 9 定义区域

※STEP 10 创建分型面

(1) 单击【分型刀具】工具条中的【设计分型面】按钮 ◈,弹出【设计分型面】对话框,如图 8-30 所示,同时绘图区显示系统默认的分型面,如图 8-31 所示。很显然,系统默认的分型面是沿"-ZC 轴"方向的,不符合要求,需要在外形圆角与直边相交的点手动生成引导线,再利用线创建分型面。

(2) 在【设计分型面】对话框中的选择【编辑分型段】面板中的【选择分型或引导线】按钮 ☞,【设计分型面】对话框发生变化,如图 8-32 所示。

(3) 将光标移至图 8-33(a)所示的圆角处,左键单击,生成第一条引导线,如图 8-33(b)所示。

（4）用相同的方法生成另外 7 条引导线，结果如图 8-33(c)所示。

图 8-30　【设计分型面】
对话框(一)　　　　图 8-31　系统默认分型面　　　　图 8-32　【设计分型面】
对话框(二)

图 8-33　创建引导线

单击此处

(a) 引导线起点　　　　(b) 第一条引导线　　　　(c) 创建的8条引导线

（5）创建引导线后，【设计分型面】对话框中【分型段】列表中出现 8 个分型段，选择"分段 1"，【创建分型面】面板中选择【拉伸】按钮 ▥ ，【分型面长度】文本框中输入"100"，单击【应用】按钮，完成第一段分型面的创建，结果如图 8-34(a)所示。

（6）选择"分段 2"，【创建分型面】面板中选择【扫掠】按钮 ◈ ，【分型面长度】文本框中输入"100"，单击【应用】按钮，完成第二段分型面的创建，结果如图 8-34(b)所示。

（7）重复上述步骤，继续创建剩余 6 处分型面，直边部分用【拉伸】，圆角部分用【扫掠】，最终生成的分型面如图 8-34(c)所示，单击【确定】按钮，退出【设计分型面】对话框。

(a) 利用"拉伸"生成分型面　　　(b) 利用"扫掠"生成分型面　　　(c) 完整分型面

图 8-34　创建分型面

※STEP 11 创建型腔、型芯

创建型腔、型芯的操作与前面案例相同,分型结果如图 8-35 所示。

(a) 型腔效果　　　　(b) 型芯效果

图 8-35　创建型腔和型芯

任务总结

本案例介绍了利用引导线生成分型面的方法,是实际分型操作中经常使用的。

任务 8-3　支架分模设计——利用面拆分生成分型面

任务描述

微课任务 8-3

如图 8-36 所示为支架塑件,其材料为 PC,完成分模设计,生成型腔、型芯。

需要拆分的两个面
分割线以上位于型腔
分割线以下位于型芯

(a) 需要拆分的面　　　　(b) 分型面

图 8-36　支架模型

任务分析

从产品的结构形状看,分型面位置如图 8-36(b)所示,因此如图 8-36(a)所示的两个侧面需要进行面拆分,一部分在型腔,一部分在型芯,同时侧面的两个阶梯孔需要侧向抽芯才能成型,侧向抽芯有内抽和外抽两种,这里采用外抽形式。

相关知识

初始化项目;定义模具坐标系;定义工作;型腔布局;修补曲面;拆分面;创建分型面;创建型芯、型腔等。

任务实施

※STEP 1 打开源文件，进入注塑模向导模块

双击项目素材中的"支架.prt"，直接打开 UG NX 10.0 软件，进入建模模块，切换到【注塑模向导】应用模块。

※STEP 2 初始化项目

※STEP 3 设定模具坐标系

选中【选定面的中心】选项，选择如图 8-36(b)所示的分型面为"选定面"。

※STEP 4 定义收缩率

※STEP 5 定义工件

※STEP 6 型腔布局

为了使侧抽滑块向外移动，采用沿"-XC 轴"方向平衡布局，一模两腔的形式，型腔布局结果如图 8-37 所示。

图 8-37　型腔布局

※STEP 7 拆分面

在"检查区域"之前需要进行拆分面操作，才能把原来整体的面分别指派给型腔和型芯两个部分。

单击【注塑模工具】工具条中的【拆分面】按钮 ▧ ，弹出【拆分面】对话框，如图 8-38(a)所示，【类型】选项中选择【平面/面】，【要分割的面】选择如图 8-36(a)所示的两个侧面，单击【添加基准平面】按钮 ▢ ，弹出如图 8-38(b)所示【基准平面】对话框，【类型】选择【自动判断】，选取如图 8-36(b)所示的分型面作为参考，在【偏置】文本框中输入"0"，单击【基准平面】对话框中的【确定】按钮，在【拆分面】对话框中单击【确定】按钮，完成拆分面。

(a)【拆分面】对话框　　　　(b)【基准平面】对话框

图 8-38　拆分面

※STEP 8 检查区域

参照前面两个分型案例定义型腔和型芯区域，结果如图 8-39 所示。

※STEP 9 曲面补片

※STEP 10 定义区域

※STEP 11 创建分型面

单击【分型刀具】工具条中的【设计分型面】按钮 ▧ ，弹出

图 8-39　定义型腔和型芯区域

【设计分型面】对话框,绘图区显示系统默认的分型面为有界平面,如图 8-40 所示。该分型面符合要求,单击【确定】按钮,退出【设计分型面】对话框。

※STEP 12 *创建型腔、型芯*

创建型腔、型芯的操作与前面两个案例相同,这里不再详述,分型结果如图 8-41 所示。

图 8-40　系统默认的分型面

(a) 型腔效果　　　　(b) 型芯效果

图 8-41　创建型腔和型芯

任务总结

如果塑件上的同一个面一部分在型腔,一部分在型芯,在分型之前,一定要进行拆分面处理,否则无法分型。

▶ 任务 8-4　外壳分模设计——利用扩大曲面补片生成分型面 ◀

任务描述

如图 8-42 所示为外壳塑件,其材料为"ABS",完成分模设计,生成型腔、型芯。

微课任务 8-4

此处靠破孔需要手动补片

需要侧抽成型

需要拆分的面

图 8-42　外壳模型

任务分析

从产品的结构形状看,分型面位于下平面,产品侧面有一处凹陷,需要侧向抽芯成型,上方有一处靠破孔,需手动补片,侧面有一处需要拆分的面。

相关知识

初始化项目;定义模具坐标系;定义工作;型腔布局;修补曲面;扩大曲面补片;拆分面;创建分型面;创建型芯、型腔;创建滑块头等。

任务实施

※STEP 1 打开源文件,进入注塑模向导模块

双击项目素材中的"外壳.prt",直接打开 UG NX 10.0 软件,进入建模模块。切换到【注塑模向导】应用模块。

※STEP 2 初始化项目

※STEP 3 设定模具坐标系

选中【当前 WCS】选项。

※STEP 4 定义收缩率

※STEP 5 定义工件

※STEP 6 型腔布局

为了使侧抽滑块向外移动,采用沿"XC 轴"方向平衡布局,一模两腔的形式,型腔布局结果如图 8-43 所示。

图 8-43　型腔布局

※STEP 7 修补靠破孔

产品中存在一处靠破孔,系统无法自动补片,需利用"扩大曲面补片"命令手工补孔。操作步骤如下。

(1) 单击【注塑模工具】工具条中的【扩大曲面补片】按钮 ,弹出【扩大曲面补片】对话框。选择需要补片的面,如图 8-44 所示,这里所选面上出现四个圆点,拖动其中任意一个,将曲面扩至足够大,如图 8-45 所示。

图 8-44　选择目标面

图 8-45　扩大补片

(2) 选择【扩大曲面补片】对话框中的【选择对象】选项,选择图 8-46(a)中的边界面 1 和边界面 2,再调整视图方向,继续选择图 8-46(b)中的边界面 3 和边界面 4,所示,这里所选面上出现四个圆点,拖动其中任意一个,将曲面扩至足够大,如图 8-45 所示。选择边界后,这些边界将扩大的补片分割成多个部分。

(a)边界面1和边界面2

(b)边界面3和边界面4

图 8-46　选择边界面

（3）选择【扩大曲面补片】对话框中的【选择区域】选项，选择【保留】选项，在补片中选择如图 8-47 所示的需要保留的片体，单击【扩大曲面补片】对话框中的【应用】按钮，完成第一处补片的创建，结果如图 8-48 所示。

保留此处片体

图 8-47　选择保留的片体

图 8-48　创建的第一处补片

图 8-49　利用扩大曲面补片修补靠破孔

（4）重复上述操作，完成其他两处侧面补片的创建，最后创建上部补片（边界需要用到侧面的三处补片），完成靠破孔的修补，结果如图 8-49 所示。

※STEP 8 拆分面

单击【注塑模工具】工具条中的【拆分面】按钮，弹出【拆分面】对话框，【类型】选项中选择【曲线/边】，【要分割的面】及【分割对象】如图 8-50 所示，单击【确定】按钮，完成拆分面。

※STEP 9 检查区域

参照分型案例定义型腔和型芯区域，认真检查是否有定义错误的区域，尤其确保如图 8-51 所示区域的三个侧面一定是型芯区域。

沿边共7条　　　要分割的面

图 8-50　拆分面

此处三个侧边一定是型芯区域

图 8-51　定义型腔和型芯区

※STEP 10 曲面补片

参照前面分型案例操作，系统自动补片后，检查有无多余的补片，如果有，要删除。

※STEP 11 定义区域

参照分型案例操作即可。

※STEP 12 创建分型面

单击【分型刀具】工具条中的【设计分型面】按钮，弹出【设计分型面】对话框，绘图区显示系统默认的分型面为有界平面，如图 8-52 所示。该分型面符合要求，单击【确定】按钮，退出【设计分型面】对话框。

※STEP 13 创建型腔、型芯

创建型腔、型芯的操作与前面案例相同,这里不再详述,分型结果如图 8-53 所示。

图 8-52　系统默认的分型面　　　　　图 8-53　创建型腔和型芯

※STEP 14 创建滑块头 图 8-42 中的侧凹需用侧向分

型抽芯机构来成型,下面介绍创建侧抽机构中的滑块头零件的方法。

(1) 在【快速访问工具条】中选择【窗口】,在其下拉列表中选择"top"文件,显示总装文件。在【装配导航器】中双击"外壳_prod"部件,将其设为工作部件。

(2) 单击功能区的【装配】标签,切换到【装配】模块。

(3) 单击【组件】工具条中的【新建按钮 ,弹出【新组件】对话框,选择【模型】选项卡,【单位】选"毫米",输入新文件名称为"外壳_slide",选择存放的文件夹(必须与总装文件放在同一文件夹中),单击【确定】按钮,在【装配导航器】中显示新建的"外壳_slide"部件。

(4) 在【装配导航器】中双击"外壳_slide"部件,将其设为工作部件。隐藏其他部件,只保留一个型腔部件显示。单击【常规】工具条中的【WAVE 几何链接器】按钮 ,在弹出的【WAVE 几何链接器】对话框中,设置【类型】为"体",选择显示的型腔部件,单击【确定】按钮。

(5) 在【装配导航器】中右键单击"外壳_slide"部件,将其设为显示部件。

(6) 单击功能区的【主项】标签,切换到【主页】模块。单击【直接草图】工具条中的【草图】按钮 ,弹出【创建草图】对话框,选择靠近侧凹的侧面为草绘平面,并调整草绘方向,如图 8-54 所示,单击【确定】按钮,进入草绘界面。

(7) 切换到"静态线框"显示模式,利用"投影曲线""快速延伸""快速修剪"命令,绘制如图 8-55 的草图,单击【完成草图】按钮 ,退出草图界面,返回到主窗口。

图 8-54　草绘平面及方向

图 8-55　草图

(8) 单击【特征】工具条中的【拉伸】按钮 ,弹出【拉伸】对话框,选择上一步绘制的草图作为拉伸截面,调整拉伸方向使之朝向型腔体的内侧,保证拉伸实体将侧凹部分包住,【布尔】选择"无",单击【确定】按钮,创建拉伸特征,如图 8-56 所示。

(9) 单击【特征】工具条中的【相交】按钮,弹出【求交】对话框,【目标】选择引用的型腔体,【工具】选择上一步创建的拉伸特征,不勾选"保存目标"和"保存工具",单击【确定】按钮,完成滑块头的创建,如图 8-57 所示。

图 8-56 拉伸特征

图 8-57 滑块头

(10) 在【装配导航器】中右键单击"外壳_slide"部件,在弹出的选项中选择"显示父项",选择"外壳_prod",将其设为显示部件。在【装配导航器】中双击"外壳_cavity"部件把型腔设为"工作部件",修改滑块头的"替换引用集"选项是"model"。

(11) 单击【装配】工具条中的【WAVE 几何链接器】按钮 ◎ (如果没有显示,可以【装配】工具条的空白处,右键单击,在弹出的菜单中选择【定制】,在弹出的【定制】对话框中选中【命令】选项卡,在【所有命令】中选中【WAVE 几何链接器】命令并按住鼠标左键将其拖动添加到【装配】工具条中)。在弹出的【WAVE 几何链接器】对话框中,设置【类型】为"体",选择显示的"滑块头"部件,单击【确定】按钮。

(12) 单击【特征】工具条中的【减去】 ◙ ,弹出【求差】对话框,【目标】选择型腔体,【工具】选择引用的滑块头,不勾选"保存目标"和"保存工具",单击【确定】按钮,完成型腔的修改,如图 8-58 所示。

需要指出:此时的滑块头只是完成了成型部分的创建,整个滑块还需进一步设计,余下的创建过程在此不再叙述。

(13) 将"top"设为工作部件,结果如图 8-59 所示,执行【文件】|【保存】|【全部保存】命令。

图 8-58 修改的型腔

图 8-59 完成的"top"文件

任务总结

手工修补靠破孔的方法有很多,在使用时应灵活选择。滑块头部形状不一定和侧孔或侧凹的形状完全一致,设计时还应考虑加工的难易。

任务 8-5　开关盒盖模具设计

任务描述

如图 8-60 所示为开关盒盖塑件,其材料为"ABS",完成模具设计,要求一

微课任务 8-5

模四腔。

图 8－60　开关盒盖模型

┃ 任务分析 ┃

该塑料结构比较简单,采用两板模结构形式,塑件上有三处孔需要修补,分型面位于底平面,采用侧浇口进料,顶杆顶出。

┃ 相关知识 ┃

初始化项目;定义模具坐标系;定义工作;型腔布局;分型;添加模架;添加标准件;浇注系统、冷却系统、顶出系统创建等。

┃ 任务实施 ┃

※STEP 1 打开源文件,进入注塑模向导模块

双击项目素材中的"开关盒盖.prt",直接打开 UG NX 10.0 软件,进入建模模块,切换到【注塑模向导】应用模块。

※STEP 2 初始化项目

※STEP 3 设定模具坐标系

选择【选定面的中心】选项,取消勾选"锁定 Z 位置",选择塑件底平面。

※STEP 4 定义收缩率

※STEP 5 定义工件

※STEP 6 型腔布局

选择【矩形】布局,【平衡】方式,设置【指定矢量】为"YC 轴",【型腔数】为"4"。创建四个型腔,如图 8－61 所示。

※STEP 7 分型,创建型腔、型芯

参照前面案例完成创建型腔、型芯,创建后的型腔和型芯如图 8－62、图 8－63 所示。

图 8－61　型腔布局

图 8－62　型腔

图 8－63　型芯

※STEP 8 添加标准模架

模架是型芯、型腔的装夹和产品的推出、分离机构。UG 注塑模模块收录了国际知名公司 DME(美国)、FUTABA(日本)HASCO(德国)LKM(香港龙记)等标准模架。

(1) 在【主要】工具条中单击【模架库】按钮 ▦,弹出【模架库】对话框,在【重用库】中选择【名称】为"LKM_SG",【成员选择】选"C",如图 8－64 所示。【模架库】对话框中【Index】选"2735",【AP_h】为"70",【BP_h】为"80",【Mold_type】选择"320：1",【CP_h】为"80",如图 8－65 所示,单击【确定】按钮,添加标准模架,如图 8－66 所示。

| 图 8-64 【重用库】对话框(一) | 图 8-65 【模架库】对话框(一) | 图 8-66 添加标准模架 |

下面以 LKM(香港龙记)标准模架为例,添加模架时各选项的含义加以说明。

① 模架类型:根据模架中各板的组合情况分为 A、B、C、D 四种,如图 8-67 所示。

| 有支撑板无推板 | 有支撑板有推板 | 无支撑板无推板 | 无支撑板有推板 |
| (a) A型 | (b) B型 | (c) C型 | (d) D型 |

图 8-67 模架类型

② 详细信息:列出模架中各种变量,用户可以在详细信息列表中修改数值。表 8-1 列出了常用变量表达式及其含义。

表 8-1 常用变量表达式及其含义

变量表达式	说明	变量表达式	说明
index	模架规格,前面两位是宽度,后面两位是长度,单位:cm	TCP_h	定模座板厚度
EG_Guide	推板上是否有导柱,"0"代表无,"1"代表有	BCP_h	动模座板厚度
AP_h	定模板(A板)厚度	S_h	推板厚度
BP_h	动模板(B板)厚度	U_h	支承板厚度

续表

变量表达式	说明	变量表达式	说明
CP_h	垫块高度	EF_w	推板、推杆固定板宽度
GTYPE	导柱所在位置，"O"代表在 B 板上，"1"代表在 A 板上，	EJB_open	推板离空（限位钉高）
Mold_w	定模板、动模板宽度	PS_d	动模、定模螺钉直径
Mold_i	定模板、动模板长度	EJA_h	面针板厚度
fix_open	定模分型面与定模板的距离	EJB_h	底针板厚度
move_open	动模分型面与动模板的距离	GP_d	导柱直径

（2）观察添加模架结果，应将模架旋转 90°。在【主要】工具条中再次单击【模架库】按钮 ▦，弹出的【模架库】对话框与首次添加模架时的【模架库】对话框不同，如图 8-68 所示，单击旋转模架按钮 ▣，然后单击【确定】按钮，完成模架的旋转，模架俯视图如图 8-69所示。

图 8-68　【模架库】对话框(二)

图 8-69　旋转模架结果

※STEP 9 添加标准件

（1）添加定位圈

在【主要】工具条中点击【标准件库】图标按钮 ▦，弹出【标准件管理】对话框。在【重用库】中选择【名称】为"FUT ABA_MM /Locating Ring Interchange"，【成员选择】选择"Locating Ring[M_LR]"，如图 8-70 所示。【标准件管理】对话框中【DIAMETER(直径)】选择"100"，【THICKNESS (厚度)】选择"15"，【HOLE_THRU_DIA(底部直径)】选择"50"，如图 8-71 所示。定位圈形状如图 8-72 所示。单击【确定】按钮，添加定位圈如图 8-77 所示。

图 8-72 定位圈形状

图 8-73 添加定位圈

图 8-70 【重用库】对话框(二) 图 8-71 【标准件管理】对话框(一)

(2) 添加浇口套

在【主要】工具条中点击【标准件库】图标按钮 ，弹出【标准件管理】对话框。在【重用库】中选择【名称】为"FUT ABA_MM/Sprue Bushing"，【成员选择】选择"Sprue Bushing"，如图 8-74 所示。【标准件管理】对话框中【CATALOG】选择"M-SBA"，【CATALOG_DIA】选择"20"，【CATALOG_LENGTH】输入"95"，其他按默认值，如图 8-75 所示。浇口套形状如图 8-76 所示。单击【确定】按钮，完成浇口套的添加，结果如图 8-77 所示。

图 8-76 浇口套形状

图 8-77 添加浇口套

图 8-74 【重用库】对话框(三) 图 8-75 【标准件管理】对话框(二)

(3) 添加推杆及拉料杆

① 添加推杆

在【主要】工具条中点击【标准件库】图标按钮，弹出【标准件管理】对话框，在【重用库】中选择【名称】为"FUT ABA_MM/ Ejector Pin",【成员选择】选择"Ejector PinStraight",如图 8 - 78 所示。【标准件管理】对话框中【CATALOG】选择"EJ",【CATALOG _DIA】选择"4.0",【CATALOG _LENGTH】选择"300",【HEAD_TYPE】选择"3",【FIT_DISTNACW】选择"10",其他按默认值,如图 8 - 79 所示。推杆形状如图 8 - 80 所示。单击【确定】按钮,在弹出的【点】对话框中,"输出坐标的参考"方式选择"WCS",输入坐标(31,－55,0),单击【确定】按钮,继续在【点】对话框中输入(31,－30,0)(74,－55,0)(74,－30,0),关闭【点】对话框,完成推杆的添加,如图 8 - 81 所示。

图 8 - 80　推杆形状

图 8 - 78　【重用库】对话框(四)　图 8 - 79　【标准件管理】对话框(三)　图 8 - 81　添加推杆

② 修剪推杆

在【主要】工具条中点击【顶杆后处理】图标按钮，弹出【顶杆后处理】对话框,如图 8 - 82 所示。在【类型】下拉列表中选择"修剪",在【目标】下拉列表中选择列出的四个推杆,在【设置/配合长度】中输入"10",单击【确定】按钮,完成推杆的修剪,结果如图 8 - 83 所示。

图 8 - 82　【顶杆后处理】对话框　　　　图 8 - 83　推杆修剪效果

③ 添加拉料杆

在【主要】工具条中点击【标准件库】图标按钮,弹出【标准件管理】对话框,在【重用库】中选择【名称】为"FUT ABA_MM/ Return Pins",【成员选择】选择"Return Pins ES···",如图8-84所示。【标准件管理】对话框中【CATALOG】选择"E-EJ",【CATALOG _DIA】选择"8.0",【CATALOG _LENGTH】输入"140",其他按默认值,如图8-85所示。单击【确定】按钮,在弹出的【点】对话框中,输入(0,0,0),关闭【点】对话框,完成拉料杆的添加,如图8-86所示。

图8-84 【重用库】对话框(五)　图8-85 【标准件管理】对话框(四)　　图8-86 添加拉料杆

④ 修剪拉料杆

a. 在【装配导航器】中右键单击"开关盒盖_ return_pin"部件,在弹出的选项中选择"设为显示部件"。单击【图层设置】图标,将"60"层打开,文件中原有的基准平面显示出来,在【主页】选项卡下单击【直接草图】工具条下的【草图】按钮,选择"XC-YC平面"为草绘平面,调整草图方向如图8-87所示,单击【确定】按钮,进入草绘界面。

b. 绘制如图8-89所示的草图,单击【完成草图】按钮 ,返回主界面。

c. 单击【拉伸】按钮绘,选择如图8-88所示的草图,【开始】选择"对称",【距离】输入"10",【布尔】选择"求差",单击【确定】按钮,完成拉料杆的修剪,结果如图8-89所示。

图8-87 调整草图方向　　　图8-88 草图　　　　图8-89 修剪拉料杆

※STEP 10 添加浇注系统

(1) 创建分流道

单击【主要】工具条中的【流道】按钮，在弹出的【流道】对话框中，设置【截面类型】为"circular"，【参数】直径设为"8"，单击【绘制截面】按钮，弹出【创建草图】对话框，【平面方法】选择"自动判断"，【设置】选项中勾选"创建中间基准 CSYS"，单击【确定】按钮，绘制如图8-90所示的草图。单击【完成】按钮，回到【流道】对话框，单击【确定】按钮，完成分流道创建。结果如图8-91所示。

图 8-90　分流道草图

图 8-91　创建的分流道

(2) 创建浇口

单击【主要】工具条中的【浇口库】按钮，在弹出的【浇口设计】对话框中，如图8-92所示，【平衡】选择"否"，【位置】选择"型腔"，【类型】选择"rectangle"，单击【应用】按钮，弹出【点】对话框，选择如图8-93所示的"圆心"，在弹出的【矢量】对话框选择"YC轴"，单击【确定】按钮，生成如图8-94所示的矩形浇口。

在【浇口设计】对话框中设置【方法】为"添加"，利用同样方法，创建其他三个浇口，结果如图8-95所示。

※STEP 11 合并腔体

在【注塑模工具】工具条中单击【合并腔】按钮，弹出【合并腔】对话框，将型芯合并成一体，如图8-96所示；将型腔合并成一体，如图8-97所示。

图 8-92　【浇口设计】对话框

图 8-93　浇口定位

图 8-94　创建第一个浇口

图 8-95　创建其余浇口

※STEP 12 建腔

在【注塑模工具】工具条中单击【腔体】按钮，弹出【腔体】对话框，【目标】选择"动模板(b

板)”,【工具】选择“合并后的型芯”,单击【应用】按钮,结果如图 8-98 所示;【目标】选择“定模板(a 板)”,【工具】选择“合并后的型腔”“合并后的型芯”以及四个塑件,单击【确定】按钮,结果如图 8-99 所示。

图 8-96　合并型芯　　图 8-97　合并型腔　　图 8-98　动模板建腔　　图 8-99　定模板建腔

※STEP 13 *添加冷却系统*

(1) 创建型芯水道

① 创建水道 1

在【装配导航器】双击右键单击“开关盒盖_comb_core”部件,在快捷菜单中选择“设为显示部件”。

在【冷却工具】工具条中单击【冷却标准件库】按钮 🗐,弹出【冷却组件设计】对话框,在【重用库】中选择【名称】为“COOLING”,【成员选择】选择“COOLING HOLE”。【冷却组件设计】对话框中【COMPONENT_TYPE】选择“PIPE_PLUG”,【PIPE_THREAD】选择“M8”,【HOLE_1_DEPTH】输入“195”,【HOLE_2_DEPTH】输入“200”其他按默认值。选择型芯右侧面作为冷却水道放置平面,单击【确定】按钮,在【标准件位置】对话框中,设置【X 偏置】为“66”,【Y 偏置】为“-12”,单击【确定】按钮,完成水道 1 的创建,如图 8-100所示。

② 创建水道 2

在【重用库】中的【成员选择】组中双击“COOLING HOLE”。在重复上步操作,在【冷却组件设计】对话框中设置【HOLE_1_DEPTH】输入“155”,【HOLE_2_DEPTH】输入“160”其他与上步相同。选择型芯后侧面作为冷却水道放置平面,单击【确定】按钮,在【标准件位置】对话框中,设置【X 偏置】为“85”,【Y 偏置】为“-12”,单击【应用】按钮,设置【X 偏置】为“-85”,【Y 偏置】为“-12”,单击【确定】按钮,完成水道 2 的创建,如图 8-101 所示。

图 8-100　创建的冷却水道 1　　　　　图 8-101　创建的冷却水道 2

③ 创建水道 3

重复上步操作,在【冷却组件设计】对话框中设置【HOLE_1_DEPTH】输入“85”,【HOLE_2_DEPTH】输入“90”,其他与上步相同。选择型芯右侧面作为冷却水道放置平面,单击【确定】按钮,在【标准件位置】对话框中,设置【X 偏置】为“-66”,【Y 偏置】为“-12”,单击【确定】按钮,完成水道 3 的创建,如图 8-102 所示。

④ 创建水道 4

重复上步操作,在【冷却组件设计】对话框中设置与上步相同。选择型芯左侧面作为冷却水道放置平面,单击【确定】按钮,在【标准件位置】对话框中,设置【X 偏置】为"66",【Y 偏置】为"−12",单击【确定】按钮,完成水道 4 的创建,如图 8 - 103 所示。

图 8 - 102 创建的冷却水道 3

图 8 - 103 创建的冷却水道 4

⑤ 创建水道 5

重复上步操作,设置【HOLE_1_DEPTH】输入"15",【HOLE_2_DEPTH】输入"17",其他与上步相同。选择型芯下表面作为冷却水道放置平面,单击【确定】按钮,在【标准件位置】对话框中,设置【X 偏置】为"25",【Y 偏置】为"66",单击【应用】按钮,设置【X 偏置】为"−25",【Y 偏置】为"0",单击【确定】按钮,完成水道 5 的创建,如图 8 - 104 所示。

(2) 添加型芯管塞

在【重用库】的【成员选择】选项组中双击"PIPE PLUG"。【冷却组件设计】对话框中【放置】选项组【父】选择"开关盒盖_comb_core",【位置】选择"PLANE",【引用集】选择"TRUE";【详细信息】列表中【SUPPLIER】选择"DMS",【PIPE_THREAD】选择"M8"。选择型芯右侧面作为管塞放置平面,单击【确定】按钮,捕捉图 8 - 105 中的点 1(水道 1 截面圆的圆心),作为管塞位置点,单击【确定】按钮,完成水道 1 管塞的添加。结果如图 8 - 106 所示。

利用相同方法添加水道 2~水道 4 的管塞,结果如图 8 - 107 所示。

图 8 - 104 创建的冷却水道 5

图 8 - 105 管塞放置面及位置点

图 8 - 106 水道 1 添加管塞

图 8 - 107 水道 2~水道 4 添加管塞

（3）型芯建腔

在【注塑模工具】工具条中单击【腔体】按钮，弹出【腔体】对话框，【目标】选择"型芯"，【工具】选择所有水道及管塞，单击【确定】按钮，完成型芯建腔。

（4）创建动模板水道

① 在【装配导航器】中把动模板设为显示部件。

② 单击"资源条选项"中的【重用库】按钮 ，在【重用库】的【成员选择】选项组中双击"COOLING HOLE"。【冷却组件设计】对话框中【COMPONENT_TYPE】选择"PIPE_PLUG"，【PIPE_THREAD】选择"M8"，【HOLE_1_DEPTH】输入"25"，【HOLE_2_DEPTH】输入"30"其他按默认值。选择动模板腔体底平面作为冷却水道放置平面，单击【确定】按钮，在【标准件位置】对话框中，设置【X 偏置】为"-66"，【Y 偏置】为"25"，单击【应用】按钮，设置【X 偏置】为"-66"，【Y 偏置】为"-25"，单击【确定】按钮动模板水道 1 的创建，如图 8-108 所示。

提示

　　放置水道时的基准坐标系不同，输入的"偏置"可以不同，注意与型芯水道的位置要对应。

③【冷却组件设计】对话框中【HOLE_1_DEPTH】输入"75"，【HOLE_2_DEPTH】输入"80"其他设置同上。选择动模板前侧平面作为冷却水道放置平面，单击【确定】按钮，在【标准件位置】对话框中，设置【X 偏置】为"25"，【Y 偏置】为"-45"，单击【应用】按钮，设置【X 偏置】为"-25"，【Y 偏置】为"-45"，单击【确定】按钮动模板水道 2 的创建，如图 8-109 所示。

图 8-108　创建的动模板水道 1

图 8-109　创建的动模板水道 2

（5）添加 O 形圈

在【重用库】的【成员选择】选项组中双击"O-RING"，【冷却组件设计】对话框中【放置】选项组【父】选择"开关盒盖_b_plate"，【位置】选择"PLANE"，【详细信息】列表中【SECTION_DIA】选择"2.0"，【FITTING_DIA】选择"24"，单击【确定】按钮，捕捉点 1（水道 1 截面圆的圆心），如图 8-110 所示，单击【应用】按钮，再捕捉点 2，单击【确定】按钮，完成 O 形圈的添加，如图 8-111 所示。

（6）添加水管接头

在【重用库】的【成员选择】选项组中双击"CONNECTOR PLUG"，【冷却组件设计】对话框中【放置】选项组【父】选择"开关盒盖_b_plate"，【位置】选择"PLANE"，【详细信息】列表中【SUPPLIER】选择"HASCO"，【PIPE_THREAD】选择"M8"，选择水道 2 所在外侧面为放置平面，单击【确定】按钮，捕捉点 1（水道 2 截面圆的圆心），如图 8-112 所示，单击【应用】

按钮,再捕捉点 2,单击【确定】按钮,完成水管接头的添加,如图 8-113 所示。

图 8-110 O 形圈放置面及位置点

图 8-111 添加管塞 O 形圈

图 8-112 水管接头放置面及位置点

图 8-113 添加水管接头

（7）动模板建腔

在【注塑模工具】工具条中单击【腔体】按钮,弹出【腔体】对话框,【目标】选择"动模板",【工具】选择动模板上所有水道、O 形圈及水管接头,单击【确定】按钮,完成动模板建腔。

（8）设计定模部分的冷却系统（包括型腔和定模板）

参照动模部分冷却系统创建的方法,完成定模部分冷却系统,具体过程不再详述。

（9）模具建腔

将模具其他零部件一一构建腔体,完成整副模具结构设计,结果如图 8-114 所示。

图 8-114 模具总装图

任务总结

利用注塑模向导模块中的初始化项目、设定模具坐标系、定义工件、型腔布局、模具分型工具、模架库、标准件库、顶杆后处理等命令,完成开关盒盖注射模设计。

 习 题

项目习题

项目 9

数控加工

知识目标

(1) 了解数控加工编程流程和加工环境。

(2) 掌握 NX CAM 数控平面铣削、型腔铣削加工方法和基本操作步骤。

(3) 掌握 NX CAM 数控铣削参数的设置及应用。

技能目标

(1) 会设置平面铣、型腔铣的加工环境。

(2) 具备 NX CAM 平面铣、型腔铣的基本操作能力。

(3) 能够选择合理的铣削参数,并创建合理的刀具切削轨迹。

(4) 能够对简单的三维实体零件和成型零件进行数控铣加工。

项目描述

本项目将以两个典型零件的铣削加工编程案例为载体,介绍 UG CAM 平面铣、型腔铣操作的基本操作方法和操作技巧,铣削参数设置、生成刀轨、仿真加工及使用后处理生成 CNC 程序等。

相关知识

9.1　UG NX 数控加工基础

NX CAM 是 UG 的计算机辅助制造模块,与 NX CAD 模块紧密地集成在一起,是最好的数控编程工具之一。

UG NX 数控加工模块提供了多种加工类型,例如:数控点位加工、数控车加工、数控铣削加工等,可用于各种复杂零件的粗糙加工,用户可以根据零件结构、加工表面形状和加工精度要求选择合适的加工类型。各种加工类型的特点及使用场合如下。

(1) 铣削加工

铣削加工是最为常用的加工方法之一,主要包括平面铣和型腔铣。

① 平面铣

平面铣是一种 2.5 轴的加工方式,适用于底面为平面且垂直于刀具轴、侧壁为垂直面的工件。通常用于粗加工移除大量材料,也用于精加工外形、清除转角残留余量。其加工对象是以曲线边界来限制切削区域,生成的刀轨上下一致。通过设置不同的切削方法,平面铣可以完成挖槽或者是轮廓外形的加工。

② 型腔铣

型腔铣属于三轴加工,用于大部分的粗加工,以及直壁或者斜度不大的侧壁的精加工。型腔铣用以切除大部分毛坯材料,几乎适用于加工任意形状的几何体。型腔铣的特点是刀具路径在同一高度内完成一层切削,遇到曲面时将其绕过,下降一个高度进行下一层的切削。系统按照零件在不同深度的截面形状,计算各层的刀路轨迹。型腔铣在每一个切削层上,根据切削层平面与毛坯和零件几何体的交线来定义切削范围。通过限定高度值,只做一层切削,型腔铣可用于平面的精加工,以及清角加工等。

型腔铣和平面铣一样,用刀具侧面的刀刃对垂直面进行切削,底面的刀刃切削工件底面的材料。不同之处在于定义切削加工材料的方法不同。

（2）车削加工

车削加工多用于轴类和盘类回转体零件的加工,主要包括粗车加工、精车加工、中心孔加工和螺纹加工。

（3）点位加工

点位加工主要用于加工零件上的各种孔,常用的加工方法有钻孔、镗孔、铰孔、扩孔和攻螺纹等操作。

（4）线切割加工

线切割加工是通过金属丝的放电来进行金属切削加工,主要用于加工各种形状复杂和精密细小的工件,有双轴和四轴切割加工两种方式。

由于篇幅所限,本书只介绍铣削加工方法。

9.2 NX CAM 的加工环境

在对某零件进行数控加工之前,需先进入数控加工模块,其操作方法如下。

9.2.1 进入加工模块

打开要加工的零件,例如打开项目素材中的"支承座.prt",进入建模模块。单击功能区的【应用模块】标签,切换到【应用模块】选项卡,如图 9-1 所示。接着在选项卡的【加工】面板中单击【加工】按钮 ，即可进入加工模块。系统弹出【加工环境】对话框,如图 9-2 所示。

微课 9.2.1

图 9-1 【应用模块】选项卡

【加工环境】对话框的【CAM 会话配置】列表框中列出了系统提供的加工配置文件,其中"cam_general"定义了基本的加工环境,它提供了几乎所有的铣削加工、车削加工、孔加工和线切割等功能,是最常用的加工环境。每一种加工环境对应不同的加工方式,"cam_

最常用的加工环境

平面铣
轮廓铣
多轴铣
多轴铣叶片
旋转铣
孔加工
钻孔
车削

图 9-2 【加工环境】对话框

general"加工环境对应的常见加工方式有 mill_planar、mill_contour、drill、turning 等。

9.2.2 NX CAM 工作界面

微课 9.2.2

单击【加工环境】对话框中的【确定】按钮即可进入加工环境界面,如图 9-3
所示,其界面由菜单栏、工具条、操作导航器等组成,与建模模块不同的是:导航
器栏中增加了【工序导航器】、【加工特征导航器】和【机床导航器】;在上
边框条中增加了【加工特征导航器】工具条和【工序导航器】工具条,如图 9-3 所示。

【加工特征导航器】工具条
【工序导航器】工具条
新增导航器

图 9-3 加工模块工作界面

（1）菜单

铣加工中一些特定的菜单如图9-4～图9-6所示。

图9-4 【插入】菜单

图9-5 【信息】菜单

图9-6 【工具】菜单

（2）工具条

加工环境中，一些常用的工具条及其作用如下。

①【插入】工具条：包含了创建刀具、创建几何体、创建工序、创建程序和创建方法等命令。

②【操作】工具条：用于对已创建的程序、刀具、几何体和加工方法等进行编辑、剪切、复制、删除和变换等操作。

③【工序】工具条：用于生成、编辑、删除、确认刀轨，以及后处理和车间文件的输出等。

④【工件】工具条：用于对加工工件的显示进行设置。

9.2.3 工序导航器

微课9.2.3

（1）工序

工序是CAM模块中最重要的概念，是指生成一段刀轨所需的所有信息的集合，这些信息包括所加工零件的几何模型、毛坯模型、夹具、切削方法、切削参数、切削速度以及刀具参数等。

实际上，使用NX CAM编写加工程序就是创建一个个工序，从而生成一段段刀轨，最终完成零件的粗加工、半精加工以及精加工等工序。

总之，一个工序包含两个部分：一部分是工序参数，另一部分则是由这些参数所生成的刀轨。

打开项目素材中的"上盖型芯.prt"，进入加工模块，在工序导航器中可以看到已经创建了如图9-7所示的加工该零件的4个工序。工序在工序导航器中表现出4种状态：

① 正常的工序

既有参数，又有刀轨的工序，其名称前面有 标记。

② 已输出NC代码的工序

一个工序若被后处理，即输出了NC代码，其名称前面有 标记。

③ 空工序

只有参数,没有刀轨的工序,其名称前面有⊘标记,空工序不允许进行后处理。

④ 过期工序

若一个工序中既包含参数,又包含刀轨,但在更改工序参数后,没有重新生成刀轨并保存,这个工序的刀轨和其工序参数不一致,这样的工序称为过期工序,其名称前面有⊘标记,如果对过期工序进行后处理,系统会给出提示,要求重新生成刀轨。

(2) 工序导航器

工序导航器是一种图形化的用户界面,它用于管理当前部件的加工工序和工序参数。在 NX 工序导航器的空白区域右击,系统会弹出图 9-8 所示的快捷菜单。用户可以在此菜单中选择显示视图的类型,如程序顺序视图、机床视图、几何视图和加工方法视图,也可以通过单击上边框中【工序导航器】工具条(如图 9-3 所示)中的相应图标按钮来选择显示视图的类型。用户可以在不同的视图下方便快捷地设置参数,从而提高工作效率。

图 9-7　工序的状态　　　　　图 9-8　【工序导航器】快捷菜单

① 程序顺序视图

程序顺序视图按刀具路径的执行顺序列出当前零件的所有工序,显示每个工序所属的程序组和每个工序在机床上的执行顺序。如图 9-7 所示即为程序顺序视图。

② 机床视图

机床视图用切削刀具来组织各个操作,列出了当前零件中存在的各种刀具以及使用这些刀具的操作名称,如图 9-9 所示。

③ 几何视图

几何视图是以几何体为主线来显示加工操作的,该视图列出了当前零件中存在的几何体和坐标系,以及使用这些几何体和坐标系的操作名称,如图 9-10 所示。

④ 加工方法视图

加工方法视图列出当前零件中的加工方法,以及使用这些加工方法的操作名称,如图 9-11 所示。

图 9-9　机床视图　　　　图 9-10　几何视图　　　　图 9-11　加工方法视图

9.3　UG NX 数控加工的基本过程

UG NX 能够模拟数控加工的全过程，一般工作流程如图 9-12 所示。

图 9-12　UG NX 数控加工流程

任务 9-1　定模板内腔平面铣加工

任务描述

根据项目素材中的的"定模板平面铣.prt"，如图 9-13 所示，利用 NX

微课任务 9-1

CAM 模块完成中间内腔的编程加工,不加工孔。

任务分析

图 9-13　定模板零件

定模板的外部寸为 400 mm×250 mm×70 mm,内腔尺寸 300 mm×150 mm×25 mm,内腔圆角 R15,材料为 45 钢。因内腔为直壁平面,故采用平面铣。首先应对内腔进行粗加工,快速去除大量余量,再对内壁和底面进行精加工。加工方案见表9-1。

表 9-1　定模板型腔加工工序安排表

序号	工序名称	工序内容	所用刀具	主轴转速(rpm)	进给速度(mmpm)
1	内腔粗加工	粗铣内腔,留余量 0.5	D50R6	600	800
2	内腔侧壁精加工	精铣内腔侧壁至尺寸	D20	2 000	1 500
3	内腔底面精加工	精铣内腔底面至尺寸	D30R0.8	1 500	1 500

相关知识

进入加工模块;设置加工环境;创建几何体;创建刀具;创建加工操作;加工仿真等。

任务实施

※STEP 1 打开文件并进入加工模块

打开项目素材中的"定模板平面铣.prt",启动 UG NX 10.0,进入【建模】应用模块,单击功能区的【应用模块】标签,在选项卡的【加工】面板中单击【加工】按钮 ，即可进入加工模块。

※STEP 2 设置加工环境

在系统弹出的【加工环境】对话框中,设置【CAM 会话配置】为"cam_general",【要创建的 CAM】设置为"mill_planar",单击【确定】按钮。

※STEP 3 创建几何体

(1) 进入几何视图

单击【工序导航器】工具条中【几何视图】按钮 ，将工序导航器切换至几何视图类型,如图 9-14 所示。

(2) 创建机床坐标系

在【工序导航器】中双击节点"MCS_MILL",弹出【MCS 铣削】对话框,单击【MCS 铣削】对话框【机床坐标系】面板中的【CSYS对话框】按钮 ，在【CSYS】对话框的【类型】下拉

图 9-14 【工序导航器-几何】视图

列表中选择"自动判断",选取零件上表面,单击【确定】按钮,返回【MCS 铣削】对话框。

继续单击【MCS 铣削】对话框【机床坐标系】面板中的【CSYS 对话框】按钮 ，在【CSYS对话框】的【类型】下拉列表中选择"动态",将动态坐标系绕"ZC 轴"旋转-90°,单击 Enter键,再单击【确定】按钮,返回【MCS 铣削】对话框。

（3）设置安全高度

在【MCS 铣削】对话框的【安全设置】面板中的【安全设置选项】下拉列表中选择"刨"，选择零件上表面为"参考平面"，在距离文本框中输入"20"，如图 9 - 15 所示，单击【确定】按钮。

※STEP 4 指定加工部件和毛坯

（1）打开【工件】对话框

单击几何视图导航器节点"MCS_MILL"前面的 ⊞ ，将节点展开，双击"WORKPIECE"，打开【工件】对话框，如图9-16 所示。

图 9 - 15　参考平面及安全高度

（2）指定部件

单击【工件】对话框【几何体】面板中【指定部件】右侧的按钮🔲，打开的【部件几何体】对话框，选择零件作为"几何体"，单击【部件几何体】对话框中的【确定】按钮，返回【工件】对话框。

（3）指定毛坯

单击【工件】对话框【几何体】面板中【指定毛坯】右侧的按钮🔲，打开的【毛坯几何体】对话框，【类型】选择"包容块"，【方向】选择"MCS"，如图 9 - 17 所示，单击【毛坯几何体】对话框中【确定】按钮，再单击【工件】对话框中的【确定】按钮。

图 9 - 16　【工件】对话框　　　　**图 9 - 17　【毛坯几何体】对话框**

※STEP 5 创建刀具

（1）创建 D50R6 刀具

单击【插入】工具条中的【创建刀具】按钮，弹出【创建刀具】对话框，设置【类型】为"mill_planar"，【刀具子类型】选择"MILL"，在【名称】文本框中输入"D50R6"，单击【应用】按钮。系统弹出【铣刀- 5 参数】对话框。在【尺寸】面板中输入"(D)直径"为"50"，"(R1)下半径"为"6"；在【编号】面板中输入"刀具号"为"1"，其他设置接受系统默认，单击【确定】按钮。

（2）创建 D20 刀具

按上述操作继续创建刀具，【类型】选择"mill_planar"，【刀具子类型】选择"MILL"，在【名称】文本框中输入"D20"，单击【应用】按钮。在弹出的【铣刀- 5 参数】对话框中的【尺寸】面板中输入"(D)直径"为"20"，"(R1)下半径"为"0"；在【编号】面板中输入"刀具号"为

"2",其他设置接受系统默认,单击【确定】按钮。

(3) 创建 D30R0.8 刀具

按上述操作继续创建刀具,【类型】选择"mill_planar",【刀具子类型】选择"MILL" [图],在【名称】文本框中输入"D30R0.8",单击【确定】按钮。有弹出的【铣刀-5 参数】对话框中的【尺寸】面板中输入"(D)直径"为"30","(R1)下半径"为"0.8";在【编号】面板中输入"刀具号"为"3",其他设置接受系统默认,单击【确定】按钮。

※STEP 6 创建平面铣粗加工操作

(1) 创建工序

单击【插入】工具条中的【创建工序】按钮 ,弹出【创建工序】对话框,如图 9-18 所示。在【类型】下拉列表中选择"mill_planar";【工序子类型】中选择"平面铣";【位置】面板中设置【刀具】为"D50R6(铣刀-5 参数)",【几何体】为"WORKPIECE",【方法】为"MILL_ROUGH",【名称】输入"R1",单击【应用】按钮,弹出【平面铣】对话框,如图 9-19 所示。

图 9-18 【创建工序】对话框

图 9-19 【平面铣】对话框

(2) 指定部件边界

单击【平面铣】对话框中的【指定部件边界】右侧的按钮 ,弹出【指定部件边界】对话框,选择零件上表面为边界面,单击【确定】按钮,返回【平面铣】对话框。

(3) 指定毛坯边界

单击【平面铣】对话框中的【指定毛坯边界】右侧的按钮 ,弹出【边界几何体】对话框,选择【模式】为"曲线/边···",选择如图 9-20 所示的零件内腔上表面边线为边界,两次单击【确定】按钮,返回【平面铣】对话框。

(4) 指定底面

单击【平面铣】对话框中的【指定底面】右侧的按钮 ,选择如图 9-20 所示的内腔底平面为加工平面,单击【确定】按钮,返回【平面铣】对话框。

(5) 设置刀具路径参数

① 参照图 9-21 所示设置切削模式和刀轨的其他参数。

② 单击【切削层】按钮，弹出【切削层】对话框，如图 9-22 所示设置切削层参数。

③ 单击【切削参数】按钮，弹出【切削参数】对话框，如图 9-23～图 9-25 所示设置切削参数。

图 9-20 毛坯边界及加工底面

图 9-21 设置刀轨参数

图 9-22 设置切削层参数

图 9-23 设置切削参数(一)

图 9-24 设置切削参数(二)

图 9-25 设置切削参数(三)

④ 单击【非切削移动】按钮，弹出【非切削移动】对话框，如图 9-26 所示设置非切削参数。

⑤ 单击【进给率和速度】按钮，弹出【进给率和速度】对话框，如图 9-27 所示设置主轴转速和进给率。

⑥ 单击【平面铣】对话框中【操作】面板中的【生成】按钮，生成的刀轨如图 9-28 所示。

⑦ 单击【平面铣】对话框中【操作】面板中的【确定】按钮，打开【刀轨可视化】对话框，

选择该对话框中的【3D 动态】选项卡,然后单击【播放】按钮▶,可进行仿真加工,如图 9－29 所示。最后依次单击【确定】按钮,完成内腔的粗加工操作。

图 9－26 设置非切削移动

图 9－27 设置进给率和速度

图 9－28 生成的刀轨

图 9－29 内腔粗加工仿真

※STEP 7 创建侧壁铣精加工方法

(1) 创建工序

设置【创建工序】对话框,如图 9－30 所示。在【类型】下拉列表中选择"mill_planar";【工序子类型】中选择"精加工壁";【位置】面板中设置【刀具】为"D20(铣刀-5 参数)",【几何体】为"WORKPIECE",【方法】为"MILL_FINISH",【名称】输入"CF1", 单击【应用】按钮,弹出【精加工壁】对话框,如图 9－31 所示。

(2) 指定部件边界

单击【精加工壁】对话框中的【指定部件边界】右侧的按钮,弹出【指定部件边界】对话框,选择零件上表面为边界面,单击【确定】按钮,返回【精加工壁】对话框。

(3) 指定毛坯边界

单击【精加工壁】对话框中的【指定毛坯边界】右侧的按钮,弹出【边界几何体】对话框,选择【模式】为"曲线/边…",选择如图 9－32 所示的零件内腔上表面边线为边界,两次单击【确定】按钮,返回【精加工壁】对话框。

(4) 指定底面

单击【精加工壁】对话框中的【指定底面】右侧的按钮,选择如图 9－32 所示的内腔底平面为加工平面,单击【确定】按钮,返回【精加工壁】对话框。

(5) 设置刀具路径参数

① 参照图 9－33 所示设置切削模式和刀轨的其他参数。

② 如图 9－34 所示设置刀轨参数。

③ 单击【切削参数】按钮,弹出【切削参数】对话框,如图 9－35～图 9－37 所示设置切削参数。

④ 单击【非切削移动】按钮,弹出【非切削移动】对话框,如图 9－38～图 9－40 所示设置非切削移动参数。

图 9-32 毛坯边界及加工底面

图 9-30 【创建工序】对话框　　图 9-31 【精加工壁】对话框　　图 9-33 设置刀轨参数

图 9-34 设置切削层参数　　图 9-35 设置切削参数(一)　　图 9-36 设置切削参数(二)

图 9-37 设置切削参数(三)　　图 9-38 设置非切削移动参数(一)　　图 9-39 设置非切削移动参数(二)

⑤ 单击【进给率和速度】按钮，弹出【进给率和速度】对话框，如图 9-41 所示设置主轴转速和进给率。

⑥ 单击【精加工壁】对话框中【操作】面板中的【生成】按钮，生成的刀轨如图 9-42 所示。

⑦ 单击【精加工壁】对话框中【操作】面板中的【确定】按钮，打开【刀轨可视化】对话框，选择该对话框中的【3D 动态】选项卡，然后单击【播放】按钮，可进行仿真加工，如图 9-43 所示。最后依次单击【确定】按钮，完成侧壁精加工操作。

图 9-40　设置非切削移动参数(三)

图 9-41　设置进给率和速度

图 9-42　生成的刀轨

图 9-43　侧壁精加工仿真

图 9-44　【创建工序】对话框

※STEP 8 创建内腔底面铣精加工方法

(1) 创建工序

设置【创建工序】对话框，如图 9-44 所示。在【类型】下拉列表中选择"mill_planar"；【工序子类型】中选择"精加工底面"，【位置】面板中设置【刀具】为"D30R0.8(铣刀-5 参数)"，【几何体】为"WORKPIECE"，【方法】为"MILL_FINISH"，【名称】输入"DF1"，单击【确定】按钮，弹出【精加工底面】对话框。

(2) 指定部件边界

单击【精加工底面】对话框中的【指定部件边界】右侧的按钮，弹出【指定部件边界】对话框，选择零件上表面为边界面，单击【确定】按钮，返回【精加工壁底面】对话框。

(3) 指定毛坯边界

单击【精加工底面】对话框中的【指定毛坯边界】右侧的按钮，弹出【边界几何体】对话框，选择【模式】为"曲线/边…"，选择如图 9-45 所示的零件内腔上表面边线为边界，两次单击【确定】按钮，返回【精加工底面】对话框。

（4）指定底面

单击【精加工底面】对话框中的【指定底面】右侧的按钮，选择如图 9-45 所示的内腔底平面为加工平面，单击【确定】按钮，返回【精加工底面】对话框。

（5）设置刀具路径参数

① 参照图 9-46 所示设置切削模式和刀轨的其他参数。

② 单击【切削层】按钮，弹出【切削层】对话框，如图 9-47 所示设置切削层参数。

图 9-45　毛坯边界及加工底面　　图 9-46　设置刀轨参数　　图 9-47　设置切削层参数

③ 单击【切削参数】按钮，弹出【切削参数】对话框，如图 9-48～图 9-50 所示设置切削参数。

④ 单击【非切削移动】按钮，弹出【非切削移动】对话框，如图 9-51～图 9-52 所示设置非切削移动参数。

⑤ 单击【进给率和速度】按钮，弹出【进给率和速度】对话框，如图 9-53 所示设置主轴转速和进给率。

图 9-48　设置切削参数（一）　　图 9-49　设置切削参数（二）　　图 9-50　设置切削参数（三）

⑥ 单击【精加工底面】对话框中【操作】面板中的【生成】按钮，生成的刀轨如图 9-54 所示。

⑦ 单击【精加工底面】对话框中【操作】面板中的【确定】按钮，打开【刀轨可视化】对话框，选择该对话框中的【3D 动态】选项卡，然后单击【播放】按钮，可进行仿真加工，如图 9-55 所示。最后依次单击【确定】按钮，完成内腔底面的精加工操作。

图 9-51 设置非切削移动
参数(一)

图 9-52 设置非切削移动
参数(二)

图 9-53 设置进给率和速度

数值自动生成

图 9-54 生成的刀轨

图 9-55 内腔底面精加工仿真

任务总结

本任务主要学习了 UG NX 10.0 CAM 加工的一般流程,掌握了加工坐标系、刀具和创建毛坯等相关参的设置方法,以及平面铣的粗、精加工的创建方法,刀轨生成及加工仿真的操作。

任务 9-2 旋钮盖型腔数控铣加工

微课任务 9-2

任务描述

根据项目素材中的"旋钮盖型腔铣.prt",如图 9-56 所示,利用 NX CAM 模块完成型腔的编程加工。

任务分析

旋钮盖型腔零件外部尺寸为 125 mm×110 mm×45 mm,型腔最大深度为 21 mm,材料为 P20 钢。型腔底面为曲面,故采用型腔铣。加工方案见表 9-2。

图 9-56 旋钮盖型腔零件

表 9–2　旋钮盖型腔加工工序安排表

序号	工序名称	工序内容	所用刀具	主轴转速（rpm）	进给速度（mmpm）
1	分型面粗加工	粗铣分型面，留磨削余量 0.2	D20	1 200	200
2	型腔粗加工	粗铣内腔，留余量 0.3	D10R2	1 200	200
3	型腔二次粗加工	粗铣型腔窄槽处，留余量 0.35	D4R0.5	1 200	200
4	侧壁深度轮廓铣（精加工）	精铣型腔侧壁至尺寸	B4	2 000	400
5	底部平缓区域固定铣（精加工）	精铣内腔底面至尺寸	D30R0.8	2 500	400

【相关知识】

　　进入加工模块；设置加工环境；创建几何体；创建刀具；创建加工操作；平面铣加工操作；型腔铣加工操作；区域轮廓铣加工操作；加工仿真；后处理等。

【任务实施】

　　※STEP 1 打开文件并进入加工模块

　　打开项目素材中的"旋钮盖型腔铣.prt"，启动 UG NX 10.0，进入【建模】应用模块，单击功能区的【应用模块】标签，在选项卡的【加工】面板中单击【加工】按钮 ，即可进入加工模块。

　　※STEP 2 设置加工环境

　　在系统弹出的【加工环境】对话框中，设置【CAM 会话配置】为"cam_general"，【要创建的 CAM】设置为"mill_contour"，单击【确定】按钮。

　　※STEP 3 创建几何体

　　（1）进入几何视图

　　单击【工序导航器】工具条中【几何视图】按钮 ，将工序导航器切换至几何视图类型。

　　（2）创建机床坐标系

　　在【工序导航器】中双击节点"MCS_MILL"，弹出【MCS 铣削】对话框。单击【MCS 铣削】对话框【机床坐标系】面板中的【CSYS 对话框】按钮 ，在【CSYS 对话框】的【类型】下拉列表中选择"动态"，将动态坐标系绕"YC 轴"旋转 180°，如图 9–57 所示。单击【确定】按钮，返回【MCS 铣削】对话框。

　　（3）设置安全高度

　　在【MCS 铣削】对话框【安全设置】面板中的【安全设置选项】下拉列表中选择"刨"，选择零件上表面为"参考平面"，在距离文本框中输入"20"，单击【确定】按钮。

　　※STEP 4 指定加工部件和毛坯

　　（1）打开【工件】对话框

　　单击几何视图导航器节点"MCS_MILL"前面的 ，将节点展开，双击"WORKPIECE"，打开【工件】对话框。

　　（2）指定部件

　　单击【指定部件】右侧的按钮 ，在打开的【部件几何体】对话框中选择零件作为"几何体",单击【确定】按钮,返回【工件】对话框。

(3) 指定毛坯

单击【指定毛坯】右侧的按钮 ,按图9-58设置【毛坯几何体】对话框,单击【确定】按钮,再单击【工件】对话框中的【确定】按钮。

图9-57 旋转动态坐标系   图9-58 【毛坯几何体】对话框

※STEP 5 创建刀具

(1) 创建 D20 刀具

单击【插入】工具条中的【创建刀具】按钮 ,【类型】选择"mill_contour",【刀具子类型】选择"MILL" ,在【名称】文本框中分别输入"D20"单击【应用】按钮。在弹出的【铣刀-5参数】对话框中的【尺寸】面板中输入"(D)直径"为"20","(R1)下半径"为"0";在【编号】面板中输入"刀具号"为"1",其他设置采用默认,单击【确定】按钮。

(2) 创建 D10R2 刀具

按上述操作继续创建刀具,设置【创建刀具】对话框,【类型】为"mill_contour",【刀具子类型】选择"MILL" ,在【名称】文本框中输入"D10R2",单击【应用】按钮。系统弹出【铣刀-5参数】对话框,在【尺寸】面板中输入"(D)直径"为"10","(R1)下半径"为"2";在【编号】面板中输入"刀具号"为"2",其他设置采用默认,单击【确定】按钮。

(3) 创建 D4R0.5 刀具

按上述操作继续创建刀具,【类型】选择"mill_contour",【刀具子类型】选择"MILL" ,在【名称】文本框中分别输入"D4R0.5"单击【应用】按钮。在弹出的【铣刀-5参数】对话框中的【尺寸】面板中输入"(D)直径"为"4","(R1)下半径"为"0.5";在【编号】面板中输入"刀具号"为"3",其他设置采用默认,单击【确定】按钮。

(4) 创建 B4 刀具

按上述操作继续创建刀具,【类型】选择"mill_contour",【刀具子类型】选择"BOLL_MILL" ,在【名称】文本框中分别输入"B4"单击【确定】按钮。在弹出的【铣刀-球头铣】对话框中的【尺寸】面板中输入"(D)球直径"为"4",在【编号】面板中输入"刀具号"为"4",其他设置采用默认,单击【确定】按钮。

※STEP 6 创建分型面粗加工方法

(1) 创建工序

单击【插入】工具条中的【创建工序】按钮 ,设置【创建工序】对话框。在【类型】下拉列表中选择"mill_planar";【工序子类型】中选择"使用边界面铣削" ；【位置】面板中设置【刀具】为"D20(铣刀-5 参数)",【几何体】为"WORKPIECE",【方法】为"MILL_ROUGH",【名称】输入"R1",单击【应用】按钮,弹出【面铣】对话框。

（2）指定面边界

单击【面铣】对话框中的【指定面边界】右侧的按钮 ,弹出【毛坯边界】对话框,选择零件分型面,单击【确定】按钮,返回【面铣】对话框。

（3）设置刀具路径参数

① 参照图 9-59 所示设置切削模式和刀轨的其他参数。

② 单击【切削参数】按钮 ,弹出【切削参数】对话框,设置切削参数如下。

a.【策略】选项卡:【切削方向】选择"顺铣"。

b.【余量】选项卡:【部件余量】输入"0.25",【壁余量】输入"0",【最终底面余量】输入"0.2",【内公差】输入"0.03",【外公差】输入"0.03"。

其他设置采用默认,单击【确定】按钮。

③ 单击【非切削移动】按钮 ,弹出【非切削移动】对话框,设置非切削移动参数如下。

a.【进刀】选项卡:封闭区域【进刀类型】选择"沿形状斜进刀";开放区域【进刀类型】选择"线性"。

b.【转移/快速】选项卡:【安全设置选项】选择"使用继承的";区域之间【转移类型】选择"前一平面",【安全距离】输入"3";区域内【转移类型】选择"前一平面",【安全距离】输入"3"。

其他设置采用默认,单击【确定】按钮。

④ 单击【进给率和速度】按钮 ,弹出【进给率和速度】对话框,【主轴速度】输入"1200",【进给率】输入"200",单击【确定】按钮。

⑤ 单击【平面铣】对话框中【操作】面板中的【生成】按钮 ,生成的刀轨如图 9-60 所示。

⑥ 单击【平面铣】对话框中【操作】面板中的【确定】按钮 ,打开【刀轨可视化】对话框,选择该对话框中的【3D 动态】选项卡,然后单击【播放】按钮 ,可进行仿真加工,如图 9-61 所示。

最后依次单击【确定】按钮,完成分型面的粗加工操作。

图 9-59　设置刀轨参数

图 9-60　生成的刀轨

图 9-61　分型面粗加工仿真

※STEP 7 创建型腔铣粗加工操作

（1）创建工序

设置【创建工序】对话框，如图 9-62 所示。在【类型】下拉列表中选择"mill_contour"；【工序子类型】中选择"型腔铣"；【位置】面板中设置【刀具】为"D10R2（铣刀-5 参数）"，【几何体】为"WORKPIECE"，【方法】为"MILL_ROUGH"，【名称】输入"R2"，单击【应用】按钮，弹出【型腔铣】对话框。

（2）指定切削区域边界

单击【型腔铣】对话框中的【指定切削区域】按钮，弹出【切削区域】对话框，选择如图 9-63 所示所有型腔面作为切削区域，单击【确定】按钮，返回【型腔铣】对话框。

（3）设置刀具路径参数

① 参照图 9-64 所示设置切削模式和刀轨的其他参数。

图 9-63　切削区域

图 9-64　设置刀轨参数

图 9-62　【创建工序】对话框

② 单击【切削参数】按钮，弹出【切削参数】对话框，设置切削参数如下。

a.【策略】选项卡：【切削方向】选择"顺铣"，【切削顺序】选择"深度优先"。

b.【余量】选项卡：勾选【使底面余量和侧面余量一致】复选框，【部件侧面余量】输入"0.3"，【内公差】输入"0.05"，【外公差】输入"0.05"。

c.【空间范围】选项卡：【处理中的工件】选择"使用基于层的"。

其他设置采用默认，单击【确定】按钮。

③ 单击【非切削移动】按钮，弹出【非切削移动】对话框，设置非切削移动参数如下。

a.【进刀】选项卡：【进刀类型】选择"螺旋"，【直径】输入"90"（刀具百分比），【斜坡角】输入"15"，【高度】输入"3"，【高度起点】选择"前一层"，【最小安全距离】输入"0"，【最小斜面长度】输入"50"（刀具百分比）。

b.【转移/快速】选项卡：【安全设置选项】选择"使用继承的"；区域之间【转移类型】选择"前一平面"，【安全距离】输入"3"；区域内【转移类型】选择"前一平面"，【安全距离】输入"3"。

其他设置采用默认,单击【确定】按钮。

④ 单击【进给率和速度】按钮，弹出【进给率和速度】对话框,【主轴速度】输入"1200",【进给率】输入"200",单击【确定】按钮。

⑤ 单击【型腔铣】对话框中【操作】面板中的【生成】按钮，生成的刀轨如图 9 - 65 所示。

⑥ 单击【型腔铣】对话框中【操作】面板中的【确定】按钮，打开【刀轨可视化】对话框,选择该对话框中的【3D 动态】选项卡,然后单击【播放】按钮，可进行仿真加工,如图 9 - 66 所示。最后依次单击【确定】按钮,完成型腔的粗加工操作。

※STEP 8 创建型腔铣二次粗加工方法

（1）创建工序

设置【创建工序】对话框,在【类型】下拉列表中选择"mill_contour";【工序子类型】中选择"型腔铣"；【位置】面板中设置【刀具】为"D4R0.5（铣刀 - 5 参数）",【几何体】为"WORKPIECE",【方法】为"MILL_ROUGH",【名称】输入"R3",单击【应用】按钮,弹出【型腔铣】对话框。

（2）指定切削区域边界

单击【型腔铣】对话框中的【指定切削区域】按钮，弹出【切削区域】对话框,选择如图9 - 67 所示的型腔面中三个窄槽侧面及底部凹坑侧面及底面作为切削区域,单击【确定】按钮,返回【型腔铣】对话框。

图 9 - 65　生成的刀轨　　　图 9 - 66　型腔粗加工仿真　　　图 9 - 67　切削区域

（3）设置刀具路径参数

① 参照图 9 - 68 所示设置切削模式和刀轨的其他参数。

② 单击【切削参数】按钮，弹出【切削参数】对话框,设置切削参数如下。

a.【策略】选项卡:【切削方向】选择"顺铣",【切削顺序】选择"深度优先"。

b.【余量】选项卡:勾选【使底面余量和侧面余量一致】复选框,【部件侧面余量】输入"0.35",【内公差】输入"0.05",【外公差】输入"0.05"。

 技巧

二次开粗时侧面余量应比前一次开粗时侧面余量稍大一些,否则刀杆容易碰到侧壁,造成撞刀事故。

c.【空间范围】选项卡:【处理中的工件】选择"使用基于层的"。

其他设置采用默认,单击【确定】按钮。

③ 单击【非切削移动】按钮 ,弹出【非切削移动】对话框,设置非切削移动参数如下。

a.【进刀】选项卡:【进刀类型】选择"螺旋",【直径】输入"90"(刀具百分比),【斜坡角】输入"15",【高度】输入"3",【高度起点】选择"前一层",【最小安全距离】输入"0",【最小斜面长度】输入"50"(刀具百分比)。

b.【转移/快速】选项卡:【安全设置选项】选择"使用继承的";区域之间【转移类型】选择"前一平面",【安全距离】输入"3";区域内【转移类型】选择"前一平面",【安全距离】输入"3"。

其他设置采用默认,单击【确定】按钮。

④ 单击【进给率和速度】按钮 ,弹出【进给率和速度】对话框,【主轴速度】输入"1200",【进给率】输入"200",单击【确定】按钮。

⑤ 单击【型腔铣】对话框中【操作】面板中的【生成】按钮 ,生成的刀轨如图 9-69 所示。

⑥ 单击【型腔铣】对话框中【操作】面板中的【确定】按钮 ,打开【刀轨可视化】对话框,选择该对话框中的【3D 动态】选项卡,然后单击【播放】按钮 ,可进行仿真加工,如图 9-70 所示。最后依次单击【确定】按钮。

图 9-68 设置刀轨参数

图 9-69 生成的刀轨

图 9-70 型腔二次粗加工仿真

※STEP 9 创建侧壁深度轮廓铣加工(精加工)方法

(1) 创建工序

设置【创建工序】对话框,在【类型】下拉列表中选择"mill_contour";【工序子类型】中选择"深度轮廓加工" ;【位置】面板中设置【刀具】为"B4(铣刀-5 参数)",【几何体】为"WORKPIECE",【方法】为"MILL_FINISH",【名称】输入"F1",单击【应用】按钮,弹出【深度轮廓加工】对话框。

(2) 指定切削区域边界

单击【深度轮廓加工】对话框中的【指定切削区域】按钮 ,弹出【切削区域】对话框,选择如图 9-71 所示的型腔侧壁作为切削区域,单击【确定】按钮,返回【深度轮廓加工】对话框。

(3) 设置刀具路径参数

① 参照图 9-72 所示设置切削模式和刀轨的其他参数。

② 单击【切削参数】按钮 ,弹出【切削参数】对话框,设置切削参数如下。

a.【策略】选项卡:【切削方向】选择"顺铣",【切削顺序】选择"深度优先"。

图 9 - 71 切削区域

图 9 - 72 设置刀轨参数

b.【余量】选项卡：勾选【使底面余量和侧面余量一致】复选框，【部件侧面余量】输入"0"，【内公差】输入"0.01"，【外公差】输入"0.01"。其他设置采用默认，单击【确定】按钮。

③ 单击【非切削移动】按钮 ，弹出【非切削移动】对话框，设置非切削移动参数如下。

a.【进刀】选项卡：【进刀类型】选择"螺旋"，【直径】输入"90"（刀具百分比），【斜坡角】输入"15"，【高度】输入"3"，【高度起点】选择"前一层"，【最小安全距离】输入"0"，【最小斜面长度】输入"50"（刀具百分比）。

b.【转移/快速】选项卡：【安全设置选项】选择"使用继承的"；区域之间【转移类型】选择"前一平面"，【安全距离】输入"3"；区域内【转移类型】选择"前一平面"，【安全距离】输入"3"。

其他设置采用默认，单击【确定】按钮。

④ 单击【进给率和速度】按钮 ，弹出【进给率和速度】对话框，【主轴速度】输入"2000"，【进给率】输入"400"，单击【确定】按钮。

⑤ 单击【深度轮廓加工】对话框中【操作】面板中的【生成】按钮 ，生成的刀轨如图9 - 73 所示。

⑥【深度轮廓加工】对话框中【操作】面板中的【确定】按钮 ，打开【刀轨可视化】对话框，选择该对话框中的【3D 动态】选项卡，然后单击【播放】按钮 ，可进行仿真加工，如图9 - 74 所示。最后依次单击【确定】按钮。

图 9 - 73 生成的刀轨

图 9 - 74 侧壁深度轮廓铣加工仿真

※STEP 10 创建底部平缓区域固定铣加工（精加工）方法

（1）创建工序

设置【创建工序】对话框。在【类型】下拉列表中选择"mill_contour"；【工序子类型】中选择"固定轮廓铣" ；【位置】面板中设置【刀具】为"B4（铣刀-球头铣）"，【几何体】为

"WORKPIECE",【方法】为"MILL_ FINISH,【名称】输入"F2",单击【确定】按钮,弹出【固定轮廓铣】对话框。

(2) 指定切削区域

单击【固定轮廓铣】对话框中的【指定切削区域】按钮，弹出【切削区域】对话框,选择如图 9-75 所示的底部平缓区域作为切削区域,单击【确定】按钮,返回【固定轮廓铣】对话框。

(3) 设置刀具路径参数

① 在【固定轮廓铣】对话框的【驱动方法】面板中选择"区域铣削",在【区域铣削驱动方法】面板中【方法】选择"无",【非陡峭切削模式】选择"往复",【切削方向】选择"顺铣",【步距】选择"恒定",【最大距离】输入"0.5 mm",【陡峭切削模式】选择"深度加工往复",【深度切削层】选择"恒定",【深度加工每刀切削深度】输入"0.1 mm"。

② 单击【切削参数】按钮，弹出【切削参数】对话框,设置切削参数如下。

在【余量】选项卡中【内公差】输入"0.01",【外公差】输入"0.01",【外界内公差】输入"0.01",【外界外公差】输入"0.01"。

其他设置采用默认,单击【确定】按钮。

③ 单击【进给率和速度】按钮，弹出【进给率和速度】对话框,【主轴速度】输入"2500",【进给率】输入"400"。

④ 单击【固定轮廓铣】对话框中【操作】面板中的【生成】按钮，生成的刀轨如图 9-76 所示。

⑤ 单击【固定轮廓铣】对话框中【操作】面板中的【确定】按钮，打开【刀轨可视化】对话框,选择该对话框中的【3D 动态】选项卡,然后单击【播放】按钮，可进行仿真加工,如图 9-77 所示。最后依次单击【确定】按钮。

图 9-75 切削区域

图 9-76 生成的刀轨

图 9-77 底部平缓区域固定铣加工仿真

※STEP 11 过切检查

选中所有操作(也可以选择所有操作的父节点)。单击鼠标右键,在弹出菜单中选择【刀轨】|【过切检查】,在弹出的【过切和碰撞检查】对话框中单击【确定】按钮,所有刀轨被依次显示,最后生成报告,均未发现过切运动。

※STEP 12 后处理

在操作导航器中选择要执行后处理的工序,单击鼠标右键,在弹出的菜单中选择【后处理】命令,执行后处理,生成数控机床可以使用的 NC 程序。

任务总结

本任务以旋钮盖型腔加工为例,介绍了 NX 型腔铣粗加工、NX 区域轮廓铣精加工等的操作步骤和工作方法;三维动态模拟仿真的使用,后处理及程序单的生成。

 习　题

项目习题

参考文献

[1] 赵灵,赵海峰.模具 CAD/CAM(UG)[M].北京:国防工业出版社,2012.

[2] 郭晟.模具 CAD/CAM 技术应用[M].北京:机械工业出版社,2015.

[3] 米俊杰.UG NX 10.0 技术大全[M].北京:电子工业出版社,2016.

[4] 宫丽.模具 CAD/CAM 应用[M].北京:机械工业出版社,2016.

[5] 詹建新. UG 10.0 造型设计、模具设计与数控编程实例精讲[M].北京:清华大学出版社,2017.

[6] 博创设计坊.UG NX 10.0 入门与范例精[M].北京:机械工业出版社,2015.

[7] 曹秀中,黄学荣,麦宙培,江健.模具 CAD/CAM——UG 7.0 案例教程[M].镇江:江苏大学出版社,2013.

[8] 龙马高新教育.UG NX 10.0 从入门到精通[M].北京:人民邮电出版社,2016.

[9] 彭广威,汪炎珍,邓远华.UG NX 10.0 机械三维设计项目教程[M].北京:航空工业出版社,2018.

[10] 人力资源和社会保障部教材办公室.模具 CAD/CAM[M].北京:中国劳动社会保障出版社,2017.

[11] 李雅.基于 UG 的模具 CAD[M].北京:北京理工大学出版社,2017.